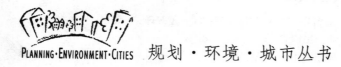

PLANNING·ENVIRONMENT·CITIES 规划·环境·城市丛书

城市规划与城市多样性
Planning and Diversity in the City

〔英〕露丝·芬彻　库尔特·艾夫森　著

叶齐茂　倪晓晖　译

中国建筑工业出版社

著作权合同登记图字：01-2010-4801 号

图书在版编目（CIP）数据

城市规划与城市多样性/（英）芬彻等著；叶齐茂等译．—北京：中国建筑工业出版社，2012.7
（规划·环境·城市丛书）
ISBN 978 – 7 – 112 – 14359 – 7

Ⅰ.①城… Ⅱ.①芬…②叶… Ⅲ.①城市规划 Ⅳ.①TU984

中国版本图书馆 CIP 数据核字（2012）第 105242 号

Planning and Diversity in the City/Ruth Fincher and Kurt Iveson

Copyright © 2008 Ruth Fincher and Kurt Iveson

Translation Copyright © 2012 China Architecture & Building Press

First published in English by Palgrave Macmillan，a division of Macmillan Publishers Limited under the title Planning and Diversity in the City by Ruth Fincher and Kurt Iveson. This edition has been translated and published under licence from Palgrave Macmillan. The authors have asserted their right to be identified as the authors of this Work.

本书由英国 Palgrave Macmillan 出版社授权翻译出版

责任编辑：姚丹宁
责任设计：陈　旭
责任校对：张　颖　陈晶晶

规划·环境·城市丛书
城市规划与城市多样性
[英] 露丝·芬彻　库尔特·艾夫森　著
叶齐茂　倪晓晖　译

*

中国建筑工业出版社出版、发行（北京西郊百万庄）
各地新华书店、建筑书店经销
北京嘉泰利德公司制版
北京中科印刷有限公司印刷

*

开本：880×1230 毫米　1/32　印张：7⅛　字数：195 千字
2012 年 9 月第一版　2012 年 9 月第一次印刷
定价：26.00 元
ISBN 978 – 7 – 112 – 14359 – 7
（22429）

版权所有　翻印必究
如有印装质量问题，可寄本社退换
（邮政编码 100037）

目录

前言

本书提出了一个思考城市规划的新模式。这个新模式旨在强调城市规划的社会义务和可能性。城市规划是治理和管理城市建筑环境和城市设施的一种方式。现在，城市规划承认了城市人口的多样性，城市居民生活的多样性。自 1960 年代初期以来，对忽视城市生活复杂多样性的规划方式一直都有各式各样的批判，如简·雅各布斯和理查德·森尼特的著作至今仍然深刻影响着规划界。当代城市规划思潮已经拒绝了那种把城市居民看作无差异个体的思维方式。在这种思维方式下，城市居民的利益不过是整体的和不确切的"公众利益"的一个简单部分。本书的命题是，我们应当承认城市里的多样性，从重新分配、认同和邂逅这样一些社会逻辑起点出发，规划我们的城市。

读者也许会有些疑惑，我们选择了"规范"或"社会逻辑"作为一种范畴，来提出如何对包含多样性的城市做出规划。过去十来年中，有关规范和规划承认城市人口具有复杂的差异之类的讨论，已经发展到了城市规划过程中，而不再仅仅涉及规划理想或宽泛社会目标等抽象的东西。这类讨论还涉及，城市规划需要在社区和地方各界人士的参与下协商进行。最近几年以来，城市规划界已经很少涉及把规划实践过程的评估和议案与规划的整体规范结合起来的问题。在这本书中，我们提出，我们需要关注规划的两个方面，关注对规划活动的广泛社会目标进行理论化，关注规划实践方式及其实际结果。这里，我们集中讨论前一个问题，即规划活动广泛社会目标的理论化，以便更为全面地推进对城市规划的批判。

读者也可能还有些不解，为什么这本书不是按照机会平等政策中通常命名的社会"群体"来逐一安排章节，实际上，划定社会群体是制定公共政策的基础，以此追求社会公正的理想。这本书的确可以安排不同的章节来专门讨论涉及妇女、青年、老人、残疾人、不同民族的社区和同性恋者等社会群体的专门规划，也可以描述和评估以这些社会群体需要为重点的规划方式。然而，我们并没有这样做。事实上，社会群体的确出现在这本书中，但是，这本书不是以社会群体来安排全书结构。我们不是围绕社会群体来安排本书，因为这样做可能招致的批判。事实上，大部分人的身份不是可以用一种社会标签来把握的，一种标签也无法表达他们多方面的需要。所以，这本书中在多种社会背景下讨论不同社会群体的规划问题时，我们完全清楚，这样划定社会群体会遇到麻烦，那些被划定在某种社会群体中的人可能支持其他社会群体的利益，这样一些人可能会被边缘化。实际上，许多城市居民可能并不以我们通常认定的"群体身份"来行动。我们不以社会群体来安排本书还有另外一个理由，以社会群体作为规划城市里的多样性的基本特征可能使我们的注意力偏离规划思想家追求的通过规划实现社会公正的理想。

对这里提出的规划理论模式，我们需要对它们的理论基础做一些调整。它们既包括规划过程，也包括规划实践，它们通过一种最为一般的方式考虑城市的多样性的社会群体。通过提出把重新分配、认同和邂逅等逻辑作为规划的基础，我们既能够考虑把规划实践和城市里的社会群体与常规联系起来，也能够考虑使用规划批判传统中那种评估式的思维方式。当然，我们提出的这三个逻辑起点在目前规划中也是存在的。我们只是以一种新的方式把它们一起并入这本书中。

当读者阅读本书时，读者可以看到若干个国家的规划实践案例和通过这三个社会逻辑起点对它们做出的评估。读者可以仅对本书中的那些理论章节和本书结论部分对这个理论模式评论，也可以通过案例章节去了解这三个相关社会逻辑起点的案例。这些案例来自不同地方的规划实践。当然，我们希望读者通过对比地阅读本书的理论和案例而有所收获，与我们一道离开那种非此即彼的和静态的社会群体的划分方式，通过使用关键的社会规范作为理论、设计和执行规划的基础，迈向城市多样性的规划。

在撰写本书时，我们幸运地得到了许多人的帮助。我们的同事 M·赫胥黎、B·格里森、K·肖，在本书撰写过程中多次阅读过手稿，并给我们提出了重要的建议。H·古德尔是一个十分优秀的研究助理，提出了许多内行的建议，收集了大量参考文献，编制了索引。出版者 S·肯尼迪，本系列丛书的编辑 Y·赖丁，常常给我们提出建设性的意见。我们最诚挚地感谢所有这些朋友和支持者对本书的贡献。我们的合作者 M·韦伯、N·格里菲思一次又一次与我们一道讨论，参加了我们许多次的会议，即使没有会议，他们也专程到城里来与我们会见。我们把这本书献给我们的孩子们，索菲亚、汤姆、本杰和蒂莉（蒂莉出生在最后手稿完成的那个星期），我们希望他们生活的城市会因为规划师思考重新分配、认同和邂逅而更美好。

露丝·芬彻　库尔特·艾夫森
墨尔本和悉尼
2007 年 10 月

第一章

引　言

　　20 世纪 60 年代，西方工业化国家已经根深蒂固的城市规划思想和实践受到了来自各方面的批判。《无序的使用》是 R·森尼特对美国城市规划实践提出挑战的一部著作，是当时这类批判中的最好一例。当然，森尼特的著作直到 1970 年才得以面世，成为当时对美国城市规划进行系列批判的最后一部著作。H·甘斯的《城市村庄》和 J·雅各布斯的《美国大城市的死与生》这类著作开始（实际上，现在仍然持续）深刻地影响着美国人对规划问题的讨论。H·斯特雷顿的《澳大利亚的城市观念》提出了把规划作为改善城市居民生活手段的观念，成为澳大利亚对这场讨论的一个主要贡献。

　　这些著作以及其他一些对城市规划重新作出的评估，实际上都是基于不同的历史和地理背景。它们或者提出了它们对规划问题的诊断，或者提出了它们的补救办法，并没有用一种声音在说话。但是，我们可以这样说，这些工作的总体效果确实对这样一种假定提出了挑战，即职业规划师知道究竟什么对城市和它们的多样性人口最好。许多处于不同背景下的规划师可能都会假定，他们的规划将改善城市生活，他们通过他们的专业知识，考虑到了"公共利益"。然而，那时的一系列学术批判发现和反映出那些本来假定会从城市规划中受益的人群的意见。从把工人居住的濒危住宅区改造成高层建筑群的内城城市更新项目，郊区边缘迅速膨胀的新开发，到按照现代城市规划原理建设起来的"新"城镇实验，城市规划的成果淹没在一片批判声中。在这些批判的声音中，有工人阶级、移民和有色人种的声音，旧城改造不仅摧毁了他们的住宅，也使他们失去了他们自己的社区和社会联系；也有妇女的声音，她们抵制把她们孤立到规划的郊区住宅的私人空间中。对于这类社会群体来讲，城市生活的现实似乎远远背离了城市规划乌托邦式的承诺。

自那以后的几十年中，人们逐步接受了这样一个比较宽泛的命题，城市规划没有考虑城市和它的市民的多样性。人们一般认为，持有不同见解的声音是对城市具有特殊视角和经验的社会群体的声音。因为规划似乎发生在缺乏多样性的基础之上，所以规划忽视了一些社会群体的愿望。面对这些批判，大部分有眼光的思想家都是富有同情心的，不过，仅此而已。例如，森尼特1970年的著作的确提出规划需要更多地考虑妇女和儿童的要求。当然，如果发现规划师忽略多样性是一个问题的话，森尼特则进一步认为，简单地承认多样性还是不够的，"任何一个有良知的知识分子都会厌恶或大或小的差异，都在消除差异的起源"（森尼特，1970，p.11）。在对规划郊区的那种无差异特征提出责难时，森尼特指出，"在我们都得到同样的住宅前，豪宅和贫民窟的反差并没有表示出个人愿望的差异，也没有表示出我们现在所拥有的自由选择的十分之一"（1970，p.11）。

这句话的要点是，某些无差异的形式不一定是坏事，而某些形式的多样性不一定是人们所希望的。城市规划批判家的一部分工作就是，区别希望的与不希望的多样性，区别希望的与不希望的无差异性。随之而来的推论是，我们如何思考城市多样性的规划。自从第一次对无差异性规划的假定和实践提出异议以来，40年过去了，城市和城市居民的多样性已经成为规划思想、规划实践和一般城市理论的一个核心论题。现在，人们在讨论中重提城市多样性的理论化问题。L·利斯（2003a，p.613）发现，"不同'多样性'的多样性常常缺乏理论依据"。她的观点与森尼特的观点相似。如果城市规划试图在多样性的背景下创造出一个比较公正的城市，那么，它就不是一个简单地"容纳"或"包容"多样性的问题。它是一个梳理城市生活固有的不同种类多样性的问题，区别那些形式的多样性是公正的，而另一些是不公正的，以便实现我们希望的"公正的多样性"。这是贯穿本书的一个基本问题。

本书的目标是为城市规划实践提供一个规范的理论。这个理论为地方规划实践提供一组"社会逻辑起点",以应对不同种类的多样性。这个理论也可能帮助规划师总结出某些"经验法则",以指导他们的实际规划工作。这个理论提出了城市规划的三个社会逻辑起点:"重新分配",通过重新分配,以规划的方式纠正对弱势群体的不公正;"认同",通过认同,确定不同社会群体的属性,以便满足他们的需要;"邂逅",通过提供和设计不期而遇的公共空间,让个人获得更多的社会交往机会。当然,在详细展开这个理论之前,让我们首先在当代规划学术界已经展开了的对多样性的广泛讨论中,找到我们这种思维方式的位置。

多样性和规划中的"沟通方式"

在本书提出解决规划工作中公正多样性的规范模式时,我们有意识地描绘了处理城市多样性问题时现存的一些规划模式。最近出现的一些考察这类问题的规划文献已经明确强调,在规划过程中,我们会面对不同社会群体的特殊问题。这些社会群体可能包括:妇女、男性、儿童、同性恋者、残疾人、不同民族的人、不同阶层或收入的人,等等(当然,许多人可能属于不止一个社会群体)。城市规划学术界和实际工作者越来越关注,规划师在允许不同社会群体参与城市规划和政策决策方面的作用。实际上,承认城市人口组成具有多样性,就意味着规划师在决策过程中需要听取多样性的公众的声音,听取不同社会群体的声音。

正如 H·坎贝尔(2006,p. 97)所说:"规划理论和实践中的'沟通方式'特别关注程序公正的问题,而程序公正试图保证在自由与平等的市民之间,规划成果生产过程是公开的和非胁迫的。"在可能发生利益冲突的不同社会群体中,规划师居于一个受尊敬的或讲理的推进者的位置上,规划师与市民一道致力于产生出规划结果来。人们普遍认为,规划师需要致力于协商,通过民主的方式推动规划实践和研究,使协商更为有效和具有包容性。这样,规划应当是不同利益群体之间相互作用的一个社会过程，而不是一个由专业工作者操纵的设计和执行的技术过程（希利，1997，p.65）。桑德库克（2003，p.34）强调了这种民主规划过程的博弈性质，她拒绝"现代派的确定性：规划师和决策者知道什么对公众是正确的。在民主规划过程中只有一个激进的后现代派认定的确定性：相信参与的力量，包容的力量，经常存在痛苦的民主过程的力量。"

现在，对"沟通的"、"集体的"或"协商的"规划提出批判的人们认为，无论愿望如何良好，方式如何正确，在市民没有真正得到自由和获得平等的情况下，规划程序常常不能达到程序公正和没有强迫性的理论设想。这可能因为规划师有意无意地利用他们的特权来推行他们的观点，可能因为通过执行规划师自己的工作方式而推行他们的知识（麦格克，2001）。或者如 S·法英斯坦所说（2005，p.125），这可能是因为：

> 如果开放的沟通会使规划师丧失他们的优势，规划师可能会隐瞒令人不快的事实，或者轻描淡写地忽略掉它们。社会权力包括有能力去控制和引导交流，简单地拥有发言权很难表明有这种能力。

从根本上讲，规划不可能完全实现理想的沟通。除此以外，沟通方式的多种理想模式本身具有一些根深蒂固的局限性，特别是在规划界和规划实践过分关注与多样性相关的程序性问题时，情况更是如此。尽管过程十分重要，但是，城市规划和政策制定的基础应当不只限于过程。简单地讲，为了创造更公正的城市，规划师需要一个能够对规划过程中得到的不同意见作出判断和兼收并蓄的理论模式。也就是说，规划理论模式一定要使规划师能够知道"应当完成什么"，而不仅仅是"如何去做"。为了说明这个观念，我们与许多对强调程序和过程至上持批判态度的学者和实践者做了交流。例如，M·迪尔从他对北美的经验出发，对利益攸关者可以协商出结果的观念提出异议。他说，有时"这个协商过程似乎并不影响究竟产生出什么决定"（2000，p. 132）。他认为，我们应当更多地通过城市发展的历史进程，去关注不同规划结果的属性：

> 几乎没有多少人努力去把当代规划过程与它的进步的和乌托邦的根基联系起来……我正在强调，我们需要恢复规划的改革传统，形成一种与后现代时代相联系的具有政治意愿和社会意识的规划纲领。规划师预测城市未来的能力和责任都是需要的，但不要以为这种预测能力是主观的和技术性的。

同样，S·法英斯坦（2005，p. 125）从美国的情况出发，批判了那些关注"沟通的规划理论"的人们，认为他们偏离了对规划结果和目标的关心，只注意规划师的斡旋角色，而不去注意究竟应当做什么，不去探索规划的社会背景。这些意见出自北美是不足为怪的。从英国的角度讲，H·坎贝尔（2006）也强调了规划理论和实践需要把握实际问题、价值和过程。另外，澳大利亚的格利森和伦道夫（2001，p. 3）提出，"社会规划始终在思想上和职业上处于相当落后的位置。大部分社会规划工作集中在程序和参与上……程序和参与的确重要，但是，它们没有考虑城市规划对社会弱势群体的看法、社会弱势群体出现的原因和可以调整的政策。"

正如坎贝尔诚恳地指出的那样，要求规划师向"做什么"的方向发展和完成"做什么"的工作，并不意味着要求规划师返回到以专家身份的工作模式，即那种以非民主的方式把他们的愿望贯彻到多样性的城市中去。事实上，真正正确的方向是相反的。没有引导实现规划过程目标的一组价值观念的确是危险的，因为以专家身份出现的规划师会再次宣称他们的中性地位：

> 最近的规划思想已经可以看到，把作为理性工具的规划师替换为作为促进者的规划师。尽管每个个案都存在很大差异，无论把规划师看作技术里手，还是看作促进者，实际上都在强调规划师的中性地位，强调程序和过程的适当性（坎

贝尔，2006，p.103）。

作为理性工具操作者的规划师，他们的中性地位依赖于他们宣称所拥有的超级技术知识和专业训练，他们的中性地位是建立在他们宣称能够代表"公共利益"（而其他群体总是代表各自不同的利益群体）。作为促进者的规划师，他们的中性地位依赖于他们宣称总能够以某种方式避免任何价值观念对决策的干扰，他们能够使所有群体表达和协商各自的特殊利益。也就是说，承认规划师在政治方面不同于政治规划师，他们是中性的观察者和促进者，他们也需要通过对不同城市生活的判断形成他们的价值体系。就政治、通常的政治学和社会运动而言，人们关注城市公正多样性的形式，而不在意如何给那些弱势的政治运动留下机会。他们在形式公正的基础上作出他们的判断。如果事情果真如此，作出判断的基础就成为了关键。

为了说明"我们做什么"的问题，城市规划师需要关注正在出现的不同于规划技术文献的城市理论（法英斯坦，2005）和公正理论以及这些理论在城市规划领域的应用（坎贝尔，2006）。如何理解和使用这些城市理论和公正理论，正是本书所面临的挑战。我们的目标是，结合这些正在出现的理论，通过一组对发展具有导向性的规范或"社会逻辑起点"，形成一种我们应该做什么的纲领。所以，这本书不是规划实践案例的汇编。我们认为，这里提出的规范或"社会逻辑起点"是过去那些规划技术文献没有涉及的。如果读者同时阅读与规划实践相关的微观政治学著作或文章的话，可能效果更好。我们毫不怀疑具体编制规划的重要性，但是，这里我们寻求的答案是，"规划究竟希望实现什么"这类思想领域的问题。没有清晰的目标，再好的规划方案和规划程序也不能完全发挥城市规划本身的潜力，反之，有目标却缺少执行和监督，同样不行。

除此之外，我们还真诚地建议，学习城市规划的学生、城市规划的实践者和学者，在思考规划究竟做什么时，把这些社会逻辑起点并入其中。因此，在撰写本书时，我们试图从解决城市公正多样性的实践中，把目前采用的社会逻辑起点抽象出来，以便改善我们的规划实践，当然，所有的多样性都有其自身的背景。本书的目标是展示案例，比较这些案例对城市的改变，抽取出这些案例所使用的工作原则。本书的另一个目标是，从不同社会背景下的实践中，抽取出实现这些常规目标的"决策规则"或"经验规则"。

现在我们可以明确地说，我们正在采用一个特殊的角度来考察"规划"，我们所考察的规划远远超出了应用地方法规和分区规划的办法去解决土地使用冲突的那种规划。本书所讨论的规划能够担当起城市治理或城市管理的功能。通常情况下，我们把城市治理或城市管理看成一个公共部门的活动，在公共部门及其政策的领导下，市民团体和私人部门共同参与实践（当然，有时会发生争议）。如果我们把规划看成城市的治理和管理，那么，我们就可以超出土地使用的形体规划的局限性，更深入地考虑城市社会政策和管理问题。当然，需要注意的是，当我们把城市规划置于一般（尽管通常总是地方性的）城市治理和管理层次上时，在本书中讨论的规划同时还关注建筑环境的改变和基础设施的供应对人们获得机会的影响。这样，我们在这里所讨论的城市规划是把社会条件与建筑环境联系起来的城市治理。另外，本书特别强调，从社会角度重新思考城市规划的社会目标和规划规范的方式，因为我们承认城市社会的多样性。

现在，我们开始探讨本书提出的三个社会逻辑起点的理论基础。重新分配、认同和邂逅是规划的三个社会逻辑起点，而城市规划本身旨在维护城市公正的多样性。

公正的多样性和"城市权"：城市规划的三个社会逻辑起点，重新分配、认同和邂逅

针对"究竟应当做什么"的问题，S·法英斯坦（2005，

p. 126）提出，"对于城市规划师而言，这个'什么'就是 H·勒菲弗所说的'城市权'"。她认为勒菲弗的"城市权"概念是有意义的，因为这个概念：

> 提出了谁拥有城市的问题，拥有不是个人直接拥有一份物业意义上的拥有，而是每一个群体集体意义上是否能够获得就业和文化，居住在一个合适的住宅里，拥有适当的生活环境，获得满意的教育，获得个人的社会保险，参与城市管理。

勒菲弗提出的"城市权"（这个术语在 1967 年第一次出现）概念的确是时间和地点的产物，即 20 世纪 60 年代的巴黎。当时，巴黎的工人阶级和移民正在发现他们越来越被挤到巴黎城市边缘去了，甚至再也不能接近城市的一些部分。勒菲弗的"城市权"涉及社会空间分化和功能分离，实际上，他的意见反映的是法国和巴黎当时的社会现实。勒菲弗关于"城市权"的思想受到了城市规划技术专家的强烈批判。也正是在这种批判中，勒菲弗关于"城市权"的著作才引起人们的关注。那些城市规划专家把城市看作机器，认为城市是由相互分离的可以设计的功能和具有定量属性的部件组成（勒菲弗，1996；埃尔登，2004，p. 144 – 157）。

尽管"城市权"起源和发展于巴黎的特殊社会背景下，但是，勒菲弗的"城市权"与当时其他地方希望建立公正空间的社会呼声是一致的。显而易见，勒菲弗批判了规划的特殊形式，以致他的著作似乎推动了多种规划改革。法英斯坦是使用"城市权"的众多当代城市规划和城市研究领域的思想家之一。这些城市规划和城市研究领域的思想家们继续深入地探讨"城市权"的内在涵义（例如，阿明和思里夫特，2002；迪奇，1999；哈维，2003；厄申，2000；米奇尔，2003，等等）。超出这个概念产生的最初社会背景，这些学者在呼吁"城市权"时，汲取的是勒菲弗有关空间的政治学和社会公正的观念。勒菲弗认为，空间不仅仅是社会关系的表现，也深刻影响着社会关系。所以，改变不公正和不平等的现象必须改变空间。"城市权"概念的基础是，社会公正一定与城市空间的权利有关。按照厄申的看法（2000，p. 14 – 15），勒菲弗的"城市权"概念之所以重要是因为，"'城市权'不是关于国家的公民的权利，而是关于城市的市民的权利，是在城市空间分配和创造中，提出、声称和更新的群体的权利"。这里，"城市权"不仅仅涉及获得城市的形体空间，同时也涉及获得城市生活和参与城市生活的更为广泛的权利，涉及平等使用和塑造城市的权利，居住和生活在城市的权利（勒菲弗，1996，p. 173）。

在当代城市规划工作中，如何推进"城市权"和实现城市公正的多样性呢？如果我们集中在"城市权"的核心承诺上，即所有的城市居民都有平等参与城市生活的权利，那么，我们可能会转向最近关于批判理论和妇女政治哲学的争论之中。这些争论通过两个有关公正的核心规范之间的关系展开，重新向穷人分配资源，认同社会的多样性。我们从这个讨论中受到启发，也使用这个讨论中的概念来命名本书中的两个社会逻辑起点。

我们阅读了 N·弗雷泽的系列文章，以及 I·M·杨和其他人的反应。从这些理性对话中，我们发现了当代提出社会公正问题的方式。这类批判从有关阶级不平等的政治经济学发展到分析身份的文化政治学。重新分配通常被理解为从阶级根源上解决不平等问题的一种方式，而认同则是纠正没有公正对待多样性社会群体的方式，或纠正没有公正对待具有不同身份的群体的方式。重新分配和认同都是期待实现社会公正的原则，它们构成了这本有关规划多样性城市的著作的逻辑起点，成为本书前四章的内容。即使那些致力于探讨社会规划基础的学者很少考虑城市空间，重新分配和认同同样也涉及城市社会规划的基本问题。我们暂时搁置空间问题，先来了解弗雷泽和其他人之间有关如何使用这些原则以获得较好结果的讨论。我们可以把更完全和更公正地承认多样性理解为"较好的结果"。

弗雷泽在 1995 年就开始参与公正理论有关思想路线图的争论，实际上，她至今依然在追寻这样一个有关公正理论的思想路线图，希望找到如何把"关于差异的文化政治学"与"关于平等的社会政治学"结合起来的方式。她假定一个适当的公正理论需要"关于差异的文化政治学"与"关于平等的社会政治学"（1995，p. 69）。她把重新分配和认同问题分开加以分析，找到二者的区别及何时需要使用重新分配，何时需要认同。重新分配和认同的区别是"确定的"和"变革的"：重新分配是确定的，旨在纠正特定的事物，但是，并不涉及因此事物引起的广泛的社会安排；认同是变革的，旨在重新安排因果关系，从而解决问题本身（1995，p. 82）。简而言之，弗雷泽把这些观念用到性别和种族问题上时，得出了这样的结论：

　　　　最适合描述处于重新分配—认同困境的情形是，经济的社会民主主义加上对文化的摧毁。但是，对于那种心理和政治上可行的情形而言，要求人们放弃过去，而转向他们利益和身份的现行的文化建设上来（1995，p. 91）。

　　杨（1997）按照弗雷泽的观点把经济和文化分为两个端点，认为这样在理论上和政治上可以更有效地把经济和文化作为两个纯粹的事物，然后了解它们与特定社会群体的关系和问题（pp. 148 - 149）。杨在她自己的著作《公正和差异政治学》（1990）中用这种理论战略来区分出"压抑的五个方面——受剥削、边缘化、无权力、文化扩张和暴力"（p. 151）。按照她的分析，她乐于用可以取得有形结果的问题来描述有关认同的问题，而把那些具有极低身份或社会地位极其低下的社会群体的问题用来说明重新分配的问题。她认为，不太可能从那些以两分法为基础的理论中推论出这种分析方式。

　　弗雷泽对这个略显不一致的反应是，她的案例事实上恰恰是反对二分法的，而非杨认为的那样。弗雷泽所关心的是，在当代思想中，"公正的两个范畴没有得到传播"（1997a. p. 127）。菲利普（1997）还引述本哈比比（1996）的话说，许多有关差异和民主形式的讨论没有充分注意到经济的不平等。弗雷泽继续坚持以她综合分析的方式工作，当然，她承认不公正实际上是以相互交织的形式表现出来的。她提出，在当代政治冲突中，主张"平等分配"的声音相对衰退，所以，为了表明这一点，需要通过分析，对不公正的形式加以区别（2000，p. 107），从而突出展示我们需要认同的不同群体的特征。按照综合模式，弗雷泽（2003，2004）提出了一种不需要构建群体身份就可以找到认同的方式，社会中的每一个个人都有平等的社会身份，在"社会生活中具有平等的地位"（2004，p. 129）。

有趣的是，弗雷泽（2004，p. 127）讨论了"什么样的体制能够同时改善身份和阶级不公正的状态？"在这个讨论中，她认为这要靠一个过程而不是一组决策规则。她提出的"平等参与"原则如下：

> 公正需要承诺所有社会（成年）成员能够平等地相处……首先，物质资源的分配必须保证参与者相互独立和相互"沟通"……第二个条件是，平等表达文化价值的体制，尊重所有的参与者，保证所有参与者具有平等的机会去实现他们的社会价值……（2004，pp. 127-128）。

现在，这个命题有了一个修正的表达，它把公正究竟意味着什么的原理和相应解释集中到了过程上——另外一个关于过程和原理的一分为二。但是，这个修正的命题事实上是要详细分析过程，才能形成一个特殊的论题结构，还需要做出的决策，来形成论题的导向。也许现在再对杨做出回应的话，弗雷泽从特殊背景的偶然性出发，一定认为这种方式还是过于抽象。当然，这只是一个方式，它比起任何城市冲突的实际情况要简单了许多。尽管如此，当我们考虑城市冲突时，这种方式能够准确地表达这些指导我们讨论的原则。尽管希利（1997，p. 71）提出，空间规划工作需要按照规划过程的属性加以评估，但是，希利的"合作的规划"事实上消除了过程和"对什么作出判断"之间的区别，她列举了一系列标准来判断过程，其中一个是关于人们欣赏与别人的差异，另一个是关于所有利益攸关者重新分配机会。

"平等参与"的概念对于我们详细讨论"城市权"问题特别有用。"平等参与"尤其强调了可能使城市居民平等参与城市生活的条件。如果把"平等参与"的概念同当代有关城市市民的理论结合起来，还会产生另外一重意义。城市是人们体验差异并以多种方式生活的场所。这些差异是因为人们迁移和流动而形成的。他们出版所处时代和受到许多社会关系约束的空间里的自传，包括那些以城市建筑形式表达的自传。人们并不把城市看作形体或行政的容器，所以，我们支持基恩的观点：

> 拒绝把城市看作容器和运动的双重性的城市观，芒福德在他的伟大著作《城市发展史》中曾经对比过作为容器的城市和作为运动的城市，这种城市双重性是芒福德著作的核心。通过城市空间的人总是通过他们的身体与街道联系起来（基恩，1996，p. 145）。

这个理解可以与"城市权"联系起来，它承认城市的人口和群体的多样性，城市人在城市里寻找住宅和工作，在城市里满足自己的需要，在城市里寻找机会和迁徙。无论他们是否寻求参与地方规划的政治决策，他们可能都打上某种类型的人或属于某个特殊群体的印记。这样，他们成为合法的诉求者，多样化的人群都会寻求以某种形式与城市交往，与其他的城市居民邂逅。所以，我们所理解的"城市权"是人们对他们自己空间的权利，他们自己的空间即是由空间、场所和城市的管理结构约束起来的生活路径，于是，我们把"城市权"解释为一种交往权。事实上，如果人们有了弗雷泽（2004）提出的那种"平等参与"，那么，他们就不仅有了机会"成为他自己"，他们还有机会通过和那些与他们一起分享城市的陌生人邂逅而成为那些人（迪奇，1999；阿明和思里夫特，2002）。

这样一种观念部分产生于那些宽泛的可以想象出来的理想，需要使城市"空间具有开放性和空间混合使用"，"改造'混乱的'街道和集市以形成新的还不为人熟悉的丰富多彩的城市空间"，"通过开放的公共事件，如群众性的节日和比赛显示差异，使各种人群有沟通的机会"，"接近公共机构，获得公共福利"（阿明和思里夫特，2002，p. 139，引自 I. M. 杨）。当然，让城市里多样性的人群有沟通的场所并非必须建设大型公共空间。阿明（2002）使用他对英国城市多元文化互动情况的考察说明了这一点。他不认为人们在大型公共空间的自由一定就可以产生出一个全球性的城市市民文化来。这类公共空间的功能，或者是过渡而非目的地，或者为特定群体所用（如玩滑板的青年），其他人的出现可能会引起各方的不自在。阿明没有否认大规模群众活动和公共空间，他的结论是，日常相互交流和谈话的微型公共空间能够成功地容纳多样性和多元文化。这些微型公共空间包括工作场所、学校、社区组织，即那些能够组织人们进行社会交流的场所。

除开弗雷泽和杨一直争论的重新分配和认同外，"邂逅"是本书要讨论的第三个社会逻辑起点。如果通过规划塑造多样性涉及空间关系的话，那么，理解重新分配和认同能够改善生活空间的观念还需要认识发生在城市公共空间中人们之间的交往。合法的公民身份得到认同，在城市背景下重新分配社会资源，与此同时，人与人在公共空间里的不期而遇也是一个不容置疑的事实。当我们试图在城市里创造一个公正的多样性，可能性存在于最大限度地给予人们"注册网络"（阿明和思里夫特，2002，p. 29），它们既是短暂的也是长久的。把机会（借助重新分配）和集体的政治讨论（形成认同或形成身份）结合起来以提高能力，加上社会化（来自不期而遇），这些就是阿明和思里夫特（2002，pp. 146 - 149）概括出来的"城市权"的三个方面。

把邂逅纳入规划的社会逻辑起点是把我们对多样性的讨论置于现实基础之上的一种方式或定义城市生活的一种方式。城市生活把人们置于不同种类的空间里，工作空间、居住区、公共空间和私人空间，同时，不同种类的空间里混合着不同种类的人群。本书讨论创造城市的公正多样性，当然也涉及在城市背景下如何创造多样性的问题，如同其他地理学家和城市规划师一样，我们正在寻求把这些抽象的哲学观念与经验研究所涉及的现实和观察结合起来。

重新分配、认同和邂逅成为本书的三个入口和三条线索。当然，在讨论规划及其对形成多样性的贡献时，我们注意到，三个社会逻辑起点在那些实际案例中都不是相互独立的，三个社会逻辑起点都在现实中联系起来，这一点是明确的。重新分配几乎不可能与有效的认同和邂逅分开。例如，把一个地区的新增资源用来创造青年人的娱乐设施，以致把这些资源重新分配给需要的群体，如果地方青年的需要不能在娱乐设施的设计中得到认同，没有通过规划设计让这些设施便于他们做社会交往、相互理解和最大限度地实现社会化，那么，这项资源的重新分配就不可能达到预期的效果。认同几乎不可能不与重新分配和邂逅相联系而单独得以实现。例如，认同一个最近的移民群体的文化特殊性，并在规划上允许他们在居住地附近建立自己的宗教活动场所，如果强调了他们的"差异"，就会使他们在居住的城镇受到排斥，使其他人怨恨让这一移民群体单独获利，同时导致这一群体的成员不能在这个城镇找到工作（一个物质的分配问题），不能很好地与其他人交往（有关沟通的问题），所以，认同是无效的。没有有效的重新分配或认同，邂逅也几乎不可能发生。例如，一群完全没有物质资源的人，比如无家可归者，他们在公共场所度过了大量的时间，希望做社会交流，但是，如果他们衣衫褴褛、蓬头垢面，处于极端贫困状态，人们几乎不会适当地认同他们，并与他们做积极的社会交往。

所以，我们同意弗雷泽的观点。在现实中，三个社会逻辑起点是不能割裂开来。我们把重新分配、认同和邂逅分开论述是分析的需要。按照弗雷泽的话说，"反二元论的后结构主义"也是一种认识方式，它认为现实中没有任何事物是可以分开的，所以，试图把它们分开是没有价值的。在我们看来，这种认识方式不太适合于对事物的分析（弗雷泽，2003，p. 60）。

我们还注意到，哲学讨论一般不涉及重新分配、认同和邂逅这些逻辑起点之间关系的空间意义（尽管 I·M·杨的著作涉及城市社会公正的问题）。还有一点需要注意的是，从社会逻辑起点出发创造城市规划战略涉及国家概念，因为大部分城市规划都与政府机构和政府工作相关联。所以，我们现在从创造城市公正多样性的角度来考察国家的概念。

国家概念

弗雷泽用重新分配和认同作为社会逻辑起点来构造一种理论。一种对弗雷泽理论的批判认为，弗雷泽没有关注国家概念。费尔德曼（2002，p. 410）说："弗雷泽留下需要深入探索的问题是，国家在重新分配和认同中的特殊角色和政治斗争。"按照费尔德曼的看法，国家本身是一种组织，它通过它的制度化的实践，既制造出不公正，也提供了一些纠正不公正的机会。现在已经出现了忽视国家这一特征的理论，它们的兴趣在于研究那些没有预料到的地方权力的表演。"如果国家不再是一个批判的对象，那么，我们也会发现，国家是面对不公正的市民社会的一个不受批判和缺少理论化的工具（费尔德曼，2002，p. 411）。"我们这本书所关心的是，如何通过城市规划来创造城市公正多样性的战略，所以，我们需要国家概念。国家概念将成为本书分析的一个基础，同样，作为对这种战略的空间解释，我们需要把工作置于城市背景上。

在这本书中，国家是城市规划的最基本管理机构。国家既被看作不公正的发源地，也被看成是可以纠正城市不公正的一种力量。无论这些规划是关于城市的国家战略政策，地方政府组织的那些影响规划决定的市民论坛，还是提供基础设施和公共服务的区域或其他政府代理机构，大量规划工作都是由政府部门及其代理机构承担的。国家不仅仅指导选举出来的官员和雇佣的工作人员承担这些工作，而且国家还通过与此类规划相关的社区或实施规划的社区推进政府的工作。所以，在我们的国家概念中包括合作或对抗活动，这些合作或对抗活动可能涉及专门的政府部门或法规。

我们在本书中采用了芒特兹（2003）有关国家的思维方式。她强调国家机构与公民一起决策的重要性："每一个决策背后都是多种机构和地理背景中的个人的行动（2003，p. 625）。"按照她的国家理论，国家的行政机构是一个"日常社会建设"机构，对于国家而言，这些活动和个人被认为处于它"之外"，它们以多种形式联系起来（p. 625）。在本书中，我们研究了特定场合下规划师和城市决策者的活动，他们参与重新分配、认同和邂逅规划战略的执行，我们发现这些规划师常常在政府机构中工作，而且常常在地方层次工作，深深地受到国家或区域政府机构决定的影响。我们注意到，那些规划师和城市决策者常常与地处其他地方的国家机构的其他部门作协商。把国家看作一组工作机构的概念使我们可以看到在任何国家机器中规划师和城市决策者活动的重要性，不要低估了他们的作用。正如芒特兹（2003 p. 625）所说，需要纠正抽象看待国家概念的倾向。

当然，国家也是一个在管理方式和治理先后次序的争议中不断斗争的场所，参与设计创造多样性城市的战略。国家是一个统一建立程序的机构，程序或步骤即是观念的客观组织机制，它们本身无价值可言，在引入政府之外的市民的意见后，按照程序作出决策。国家并非在所有地方，无时无刻地实施专制，寻求控制社会，如同一些人所提出的"规划的黑暗面"（见赫胥黎，2002，p. 141）。国家是一个政治场所，它的行动受到内部质疑和争议，那里既有专制的可能性，也有自由的可能性，结果依赖于权力斗争。尽管这些程序的基本框架似乎十分纯洁，但是，它的任何程序在任何城市的执行中都有可能被认为是有价值观念的。

在政治理论家有关重新分配和认同这些社会逻辑的著述中，有一点是非常清楚的，即国家是建立和维持人和地方身份差异的基本场所。这些身份差异可能是物质的或文化的，它们似乎能够通过重新分配和认同而得到改善，这些物质和文化的差异可以在适当形式的邂逅中看到。海沃德（2003）曾经描述过美国在20世纪早期对城市做社会和形体的划分上所起的作用。海沃德特别强调，美国城市人口的种族差异怎样通过"国际支持的对场地的种族化"而建立起来（p.503）。她说：

> 想想那个我们都十分熟悉的特殊城市地区，城市里的"黑人街区"。20世纪早期，国家通过种族分区的法律然后通过种族隔离法，最后通过分区规划法，制造了美国黑人贫民窟。尽管国家未必出于明确的种族目的，但是，分区规划担当起了实施种族隔离的功能。为了建立种族的场所，即同一种族的公民生活和工作的地方，他们在那里体验他们的社会生活，在那里形成他们对社会的看法。国家在种族化过程中成为一种工具，那里的居民通过种族化过程而建立他们与别人的关系，形成他们的社会身份（海沃德，2003，p.503）。

高速公路选址，20世纪中叶城市更新下的高层建筑项目的选址，进一步强化了美国城市人口的空间差异（海沃德，2003，p.504），阶级和种族都维持着分隔的特征。最近，美国的城市政府已经立法阻止无家可归者占据公共场所。

这些年来，政府内外的社会活动已经改变了国家的一些种族化和造成隔离的实践方式，这些方式影响着空间划分。正如海沃德注意到的那样（p.504），20世纪中叶，控制城市地区贷款投资的联邦政府项目通过"居住区保险图"给内城街区划定"红线"。"居住区保险图"使用红色的线条勾画了最大可能投资风险分数，标记了如种族混合街区、人口高密度街区、相对陈旧的建筑群地区、少数民族地区特别是黑人居住区，视它们为不适当的投资区（p.504）。自从那个时期以来，联邦政府已经积极地改变这种划定方式，按照1977年的《社区再投资法》，对不能完成他们公共义务的机构实施制裁（马歇尔，2004）。但是，就国家致力于改变那些地区和那里人们的生活而言，尽管采取了相应的行动，这种重新分配是否会继续给那些地区及那里的人们带来不良影响。按照杨的话讲，在这种背景下，重新分配是否正在减少这一群人接受资源的身份？海沃德总结道，继续有分别地对待这些地区的国家行动会继续种族化这些地区，即使主观上希望给这些地区重新分配一些资源。她讨论了一些建议，把城市地区的决策更多地从地方政府移至都市区政府，人们的选举和决策地区远远大于他们自己的居住区，以消除美国城市黑人区和白人区的差异。

从另外一个尺度上讲，如政府为无家可归者提供居所，20 世纪 80 年代后期，缅因州的波特兰降低了入住条件，这些人自认为属于这样一类人，如精神病患者，暴力者（菲德曼，2002，p. 429）。在这种情况下，那里出现过一次大规模抵制建设帐篷城市的活动，因为那样会出现特殊人群，与城市的其他居民形成一种对立的关系，于是，这种带有不良影响的方式被放弃了，无家可归的人们各自在地方街区就可以获得帮助。

尽管国家也在试图重新分配资源，但是，国家的规则和程序正在制造分类、不良影响和分隔，这样的案例不胜枚举。国家正是这样一种机构，社会差异产生于此，反对这种情况再发生的各式各样的抵制行为、法律挑战、政府机构和官员的游说，都出现在国家这样一种机构中。这样，在我们的国家理论中，国家被理解为一组政治机构和实践工具，它们可以确定、改变和产生不公正。

现在，不同国家的城市决策机构设置和规划师的功能是不同的，他们在一定的空间上和政治尺度上改善城市状况。正如赫胥黎所说（1997，p. 34），不同的地方有不同的管理文化，它影响规划实践中使用（例如）集体或沟通规划导向的程度。同时，不同的地方有不同的决策规则和制定法规的方式。贯穿本书，我们在讨论不同案例时，将描述不同背景下的国家体制，形成多样性城市的政治行动，特别关注它们如何实践重新分配、认同和避逅。

我们的研究特别关注"地方"尺度上能够采用的重新分配、认同和避逅等行动。我们关注地方尺度并非因为我们认为"地方"尺度是一个特殊的政治尺度，好像地方尺度的行动一定就更民主。

我们认为地理联系对地方发展存在影响（甚至引导着地方发展），这样，努力改变一个地方的状况就不能仅仅把行动局限在那个地方的地理范围内。我们的选择是更加从实际出发。我们也认为，我们所认定的"规划"常常是在地方尺度上按照社会体制安排的，规划师经常会发现他们正在致力于用来改变地方状况的项目。寻求通过协商来实现地方发展的地方的行动将按照它们推进重新分配、认同和邂逅的能力而发挥重要作用，这一点会愈来愈明显。

本书其他部分

引言之后，本书的六个章节将研究规划城市多样性的社会逻辑起点，第二章、第三章是关于重新分配的，第四章、第五章涉及认同，第六章、第七章研究邂逅。我们在每两章的前一章讨论相应社会逻辑起点的理论问题，而它的后一章将研究在多种背景条件下的规划实践如何应用那个特定社会逻辑的详细案例（并非总是成功的案例）。这些案例集中研究现存规划文献中讨论过的规划案例及其实际情况，它们来自世界许多国家优秀城市研究人士的工作，当然，我们的研究视角比他们的工作要更宽泛一些。另外，我们详细引用其他人的案例强调了规划师如何有效使用这些国际实践经验，如何通过广泛的网络改善他们的规划。我们知道采用这种方式，总会遗漏一些重要的规划问题。我们希望本书提出的理论模式会在那些没有涉及的问题分析中同样可以得到应用。

我们提出的这种理论模式对如何安排本书特别富有挑战性。正如我们前面已经提到的那样，在分析中，我们把这三个社会逻辑起点分开来研究，而在现实中，这些社会逻辑起点是不能分开的。也就是说，一项涉及重新分配的规划行动常常需要注意认同和邂逅；这样一种规划战略的理论可能在确定重新分配的同时考虑了认同和邂逅。事实上，最好的重新分配规划总是包括认同和邂逅这两个社会逻辑基础在内的，以强调解释究竟怎样的重新分配在那种情况下有利于公正的多样性。为了强调三个社会逻辑起点的相互联系，我们在书中安排了三种社会逻辑起点在规划实践中运用的案例，它们说明了三者的相互联系。这样，在每个案例章节中，我们都安排了三个案例。例如，如果这一章是集中说明规划中的认同，那么，第一个例子将仅仅讨论规划中的认同，第二个例子不仅讨论规划中的认同，也讨论规划中的重新分配，而第三个例子同时讨论认同和邂逅。三个社会逻辑起点和用它们说明的现实之间存在着联系，三个社会逻辑起点之间也存在联系，这些对于我们都是挑战性的。但是，研究规划行动所要求复杂的情况需要发展一个既具有弹性又十分清晰的理论模式。这就是我们试图完成的任务，探索规划的三个社会逻辑起点及其应用。

下面的这张表格列举了本书第三章、第五章和第七章所要涉及的案例，它们说明了在城市规划和政策实践中如何使用这三个社会逻辑起点。

在城市规划和政策实践中使用

这三个社会逻辑起点的例子　　　　　　表 1.1

章节	案例		
第三章 实践中的重新分配规划	重新分配： 城市更新	重新分配和认同： 为在职妇女编制的地方幼儿园规划	重新分配和邂逅： 出院的精神疾患病人
第五章 实践中的认同规划	认同： 规划儿童友好的城市	认同和再分配： 针对移民的规划	认同和邂逅： 通过规划责问无差异的规范性
第七章 实践中的邂逅规划	邂逅： 街头的节日	邂逅和重新分配： 公共图书馆	邂逅和认同： 社会服务中心和社区中心

第二章

规划中的重新分配概念

在第二章和第三章中，我们考察重新分配。重新分配是规划的一个社会逻辑起点，它致力于通过培育"城市权"来建立城市生活的公正多样性。从我们对公正多样性的理解看，不公正的分配制度导致了贫富之间巨大的差距，这种差距还在日益扩大。这种差距给规划提出了重大挑战，因为不公正的分配制度使富人拥有了更多优于穷人的城市权。通过规划来实施重新分配的基本目标是，减少人们在"城市权"方面的差异。就重新分配而言，我们的观点与规划及规划实践的长期传统是一致的，即城市规划是在城市资源、基础设施和公共服务分配上替代自由市场机制的一种选择。

我们在这一章中通过考察城市居民在空间上的差异，把重新分配确定为城市规划的一个重要社会逻辑起点。这里所说的空间既是形体空间也是社会空间。就改变区位、获得公共服务和基础设施而言，城市规划和决策总是在做某种分配。我们的目标是寻找一种理论，用它来评估那些设法解决贫富差距体制的方案，推进不造成一部分得到以另一部分人失去为代价的相对公正的空间安排。

重新分配规划

在城市里，重新分配规划寻求减少劣势和不平等。当代的重新分配观念来自第二次世界大战后发展起来的西方福利国家。这种支撑战后欧洲城市重建规划的政治和经济价值观念，承认和寻求改善人们在获得资源方面的差别，发展公共部门可以改善经济和实现完全就业，寻求通过向前看的民主规划来推行政治体制改革（格利森和洛，2000，p. 18）。福利国家和"混合经济"的实践正是基于这些价值观念而出现的。经济学家 J·M·凯恩斯的思想影响深远。他提出国家在公共财富的集体规划方面应当扮演重要角色，认为这种由国家主导的规划可以与市场导向的经济和个人的权利相抗衡。国家有责任以多种方式的分配来调整公共资源，以确保所有公民分享公共资源，逐渐实现机会平等。福利国家的目标是经济稳定和集体福利。通过公正的和非个人价值观念干扰的程序，就能够实现形式上的公民平等（也就是平均）（布罗迪，2000，p. 111）。

杰索普（2002）在他的一本重要理论著作中提出，第二次世界大战后的社会与经济重建规划是"凯恩斯福利民族国家"政治经济理想的一个部分，杰索普称之为"大西洋的福特主义"（一种一般国家管理和资本主义经济生产制度，它出现在美国、加拿大、西北欧、澳大利亚和新西兰）。从杰索普的描述中，我们可以总结凯恩斯福利民族国家的三个关键特征（尽管不同地方总会与这种理论状态存在某种差异）（杰索普，2002，pp. 71-72）。首先，城市和区域政策一般起源于国家层次的政府，它试图平衡全国的经济和社会条件。全国层次的国家支配着地方和区域层次的社会和经济政策的制定。第二，国家的经济政策是在保证国民经济相对封闭的基础上制定的，社会政策则是以国家的公民和家庭为基础的，而家庭主要是对核心家庭而言的。第三，福利政策由国家主导。当国家的公共机构以及行政管理机构在建立理想社会方面发挥重要作用时，国家就是强势的。在经济和社会发展上，基础设施规划特别重要：

　　　　这里，国家的行动包括发展大规模基础设施以适应国家范围内的公众消费（例如，电网、综合交通系统、现代住宅），通过国有化或相关的兼并政策，合同需求管理、合法的集体交易，扩大国家整体的经济规模，通过扩大公共部门的就业和福利开支，规范公众消费品位。以减少发展核心不平衡的城市和区域政策，保障大规模生产、大规模分配和公众消费的条件。……国家提供的集体消费有助于社会化，降低社会劳动力再生产的费用（杰索普，2002，p. 77）。

20 世纪 70 年代和 80 年代的金融和政治危机引发了多种社会运动，如反对国家—州在公共产品供应上采用的自上而下的平均化形式，还有一些人质疑由国家提供福利的费用。随着 20 世纪 70 年代和 80 年代发生的一系列金融和政治危机，"大西洋的福特主义"国家在国家形式上发生了一些变化，出现了具有竞争性的"工作福利制度的国家"，即领取福利金的失业者须要参与公益工作的福利制度。于是，福利国家的三个关键特征在这些国家里有了变化。现在，人们日益认为（实际上是鼓励）国民经济需要开放而不是封闭，这样，经济政策集中到了提高国际竞争力上。与此相关的变化是，"从'效率'和'计划'转移到强调'弹性'和'企业化'（杰索普，2002，p. 133），社会政策从属于经济政策。第二，在公共消费领域，公共产品的私人供应和公共资金偿付的混合模式替代了由国家提供公共产品和偿付的模式，有些部门公共产品的供应和偿付完全私有化。在公共服务供应管理方面，越来越依靠公私合作、多个代理机构合作和第三方参与的管理模式"（杰索普，2002，p. 162）。第三，与早期情况相比，这个时期国家行动的领域发生了变化。现在，国家机构内外政治活动试图设计和执行重新分配的措施，这样，它对政府采用的"正常"方式，产生了一组不同的愿望。

按照一些对公共部门的分析，在第二次世界大战之后的 60 年里，对官僚机构的批判和日益增长的反政府意识形态已经替代了凯恩斯的国家导向一般规划模式。新的私有化的管理方式和使用合同方式交给私人去提供公共服务的范围正在扩大。在最近若干年正在出现的"企业化国家"中，由"自主的企业式代理机构"提供社会服务的公民，已经取代了福利国家承担公共服务的公民，只要这些代理机构的私人经营者满足政府要求他们承担的义务，服从各种规则，他们就可以获得政府对他们提供公共服务工作的补贴（康思戴恩，2001，p. 9）。

以上概括的福利国家的发展历程遗留下了一系列严重的后果，从而引发了城市规划思想和实践致力于追求的重新分配的目标。正是通过对第二次世界大战之后的几十年间公共利益的检讨，那些站在道德角度上考虑社会问题的分析家和实践者，把城市规划以及与此相关的一些政策领域定位在减少因为发展而给一些人带来不利影响上。这样，城市规划的责任是，安排城市的社会景观和形体景观，处理环境问题，以改善"公众的"生存条件。返回几十年以前：

> 在规划文献中，不难发现讨论社会公正问题的历史遗产——必须公正地对待那些似乎面临困境而又不是他们个人错误所致的人们；纠正市场交易所带来的不公正社会后果；关心穷人、老人、残疾人、土著人、黑人、移民、幼儿和所有市场体制社会歧视的人们，如妇女（洛，1994，p. 116）。

在那个思考重新分配的时代，当然也包括对城市和福利国家的思考，人们关切的重点是经济或物质。那时开展的项目都是国家规模的，而对于那些采用联邦制的国家而言，开展的项目则是在州层次上的。当时强调的是，减少社会群体在收入和富裕程度方面的差别。这类目标依靠国家提供的住宅和公用设施、通过发放给需要救济的人们（依据年龄和失业状态等）的救济金等来实现，当然，这些国家的福利供应形式存在差别。那时，人们都认为社会阶级分化是严重的。

当然，现在看来，这种重新分配的方式存在着某些严重的局限性。如果观察凯恩斯福利国家理论盛行时期的规划工作，我们很容易发现，明显的重新分配式的规划并没有减少弱势群体所处的弱势地位。事实上，尽管国家政策的出发点是高尚的，但是，规划实践和公共政策的执行常常给一些人和一些地方带来不利影响。按照桑德库克（1998）的看法，以重新分配为目标的规划常常以"公共利益"的名义出现，"公共利益"被假定为"具有压倒一切的优先权"（1998，p. 198）。在许多议会民主国家，20世纪60年代开展的城市更新运动常常被用来作为重新分配规划的例证，实际上，有些城市更新规划加剧了穷人的弱势地位。在这些城市更新中，存在重大盲区，以致扩大了城市人口的分化。正如弗雷泽（2003，p. 2）对这个时期的描述那样，"有关社会分化的问题常常被搁置一边，主张以平均主义的方式来做重新分配，而平均主义的再分配方式被视作是公正的。当时，没有人认为需要考察重新分配与认同的关系。"或者如我们所说，当时不认为需要去考察重新分配与接触空间的关系。常常没有人去咨询那些被清理地区居民的生活方式或愿望，这些居民常常发现他们自己重新陷入被分割的状态，远离他们原来生活的内城地区（我们将在第三章中比较详细地讨论城市更新的实践）。

当时采用的重新分配方式与凯恩斯的福利国家相联系，它的局限性产生于这样一种方式，规划师和政策制定者根据公共政策的任何一个问题决定"公共利益"可能是什么。所有公民不存在差异以及所有的人无一例外地都可以获得公共消费所带来的好处的观念，是与凯恩斯福利国家相联系的公共利益观念的核心。与第二次世界大战之后社会运动推进的福利国家的实践和平等的假定相关，当时还出现了完全可以在政策或城市规划实践中发现"公共利益"的假定，这些假定受到了长期的理论批判。我们已经在第一章中涉及这种理论批判以及它们采用的批判方式，如弗雷泽和杨之间的争论。对一致的公共利益这些批判特别来自有关差别和公民的女权主义理论。认同差异和身份的问题已经出现在许多关于公正的讨论中，它超越了旨在实现经济平等而主张重新分配的观念，成为对战后"公共利益"假定批判的一个基础。从这个理论出发，各种类型的人，特别是那些可能来自任何社会阶层的不能流利使用一个社会或地方基本语言的人们、青年人、同性恋者、妇女，常常被我们的社会机构和公共实践活动所忽视。现在，我们不认同各种类型的人就不可能考虑重新分配，我们不考虑重新分配的空间和社会问题，就不可能正确地实施重新分配，这就是我们今天所面临的现实。

从这些批判出发，桑德库克提出，规划思想和规划实践需要重新认识"多元公众"的城市，所以，在城市和区域里需要采用包容政治。桑德库克集中思考了民主的规划过程，她说：

> 由各式各样的人组成的公众也是公众，参与者一起讨论他们面临的问题，一起按照他们共同认定的公正原则来作出决定。在理论上，我们可以想像不同的人聚集在一起的可能性。不同的群体可能总是具有潜力去与其他人共有一些特征、经验和目标。……实际上，过去几十年出现的各类联盟表明，这种理想并非天方夜谭（桑德库克，1998，p. 199）。

当然，比起桑德库克，其他一些人倾向于回避"公共利益"的概念。他们担心批判规划使用的公共利益概念，会诋毁规划的基本原则和目标。在后凯恩斯的经济和社会政策中，平等而不是竞争成为政府行动的一个基本推动力，事实上，竞争而非平等的兴起与对统一的公共利益观念的批判是同时并存的，如果把这种并存解释为批判存在一个统一的公共利益的观念就是谴责正在兴起的竞争，那么，回避"公共利益"的概念就不足为怪了。例如，坎贝尔和马歇尔（2000，p. 309）对英国规划的不确定性感到惋惜，而这种不确定性源于对统一的公共利益的批判，因为规划正在为这种统一的公共利益提供服务，他们还对最近十年以来把精力集中到公正规划的程序上而不是结果上表示遗憾。他们要求把公共利益的观念"恢复"为"超越个人好恶的共同的价值"，允许"强调站在局外人的角度上评估公共政策"（2000，pp. 308 – 309）。女权主义理论家，或者如桑德库克（1998；2003）这类主张包容、民主规划过程和实践的人们，不太可能支持这种要求，即由一个无利益攸关的专家来决定公共利益的基本特征。当然，这两种立场似乎都支持这样一种观念，明确说明怎样能够继续促进城市公共领域的发展是重要的，正像我们通过手头上已有的理论，以比较微妙的方式来定义公共利益一样。

　　如果规划的目标旨在减少人与人之间和地方与地方之间的不平等，那么，规划的任务的确很复杂。指导规划的道德观念，"公共利益"，必须解释为"多元公众"或"各式各样的公众"的利益。许多人在规划中致力于改善人与人和地方与地方之间的差别，而在这些差别中，经济能力居于核心位置。现在，经济能力以更为微妙的方式表达出来。人们承认多种背景下发生的具有多样性形式的阶级关系和阶级地位。当然，当代重新分配的规划被定位于经济与社会政策和管理的范畴中，在所希望实现的一系列规划结果中，平等被淹没在竞争中，私人部门在公共服务供应中承担了主要责任。我们认识到，随着早期引领重新分配的凯恩斯福利国家经济的改革，当代城市规划和政策制定的背景更为复杂。我们希望讨论规划师可能发现有用的理论工具，以诊断社会状况和协商出比较好的结果。

　　在当代西方国家的城市中，要求通过城市政策和规划重新分配的是，有形的城市建筑环境和城市政策所涉及的无形的领域。他们限制了弱势群体的机会，以致引起物质生活条件的恶化，自由受到限制。城市规划和政策战略家究竟使用什么样的方式与"企业国家"就这些弱势群体的状况进行协商？他们究竟使用什么样的方式来解决与"公众"切身利益相关的问题？重新分配的城市规划强调，在个人而不是集体的体制内，规划如何把自己置于现行法规和管理体制之中？当然，这些寻求调整空间布局的城市规划与不考虑平等而推崇竞争的政治哲学的联系程度，在不同体制下和不同的地方会有所变化。但是，无论是哪里的城市规划，总是包括了城市基础设施的公正布局问题，包括规划究竟做什么（或能够做什么）就可以看上去"合乎需要"。在一些城市地区，某种居住区，富人和穷人日益相对集中。在那些使用城市规划来减少发展给一部分人带来不利影响的地方，城市规划成功的部分原因是，它依据它的能力来决定变化的规模。对于重新分配的城市规划来讲，国家层次的，自上而下的，政策干预或国家规模的基础设施供应，并非完全需要。地方目标也是有效的和必要的。在这一章的后半部分以及第三章，我们会清楚地看到这一点。

关键概念：区位（劣势）优势和可接近性

在致力于重新分配的城市规划和政策的核心，有两个相互关联的概念，区位劣势（或优势）和可接近性，这两个概念以特殊方式反映了人与城市环境的关系。比较前面所涉及的国家或州的尺度而言，使用区位劣势（或优势）和可接近性这两个概念的规划，在尺度上是地方的。这两个概念的认识基础是，公正、平等或社会公正都具有空间关系的涵义，并可以在空间上反映出来。这两个概念建立在这样一个观念基础上，每一个人的空间位置影响着他可能获得的公共服务，这样，空间位置即区位上的优势和可接近性不仅会给每一个人提供社会福利，也给他们提供更多的生活机会。对优势和弱势群体所处空间的管理，即如何通过空间规划调整一个特定群体对社会设施和社会服务的位置，是在空间上实现公正的核心要素。形体的和社会的空间是否具有提供给人们"可接近性"的品质，提高他们在城市里的流动性或机会，使他们以多种方式参与城市活动，同样是重要的。规划和有关空间关系的学科，在制定公共政策和讨论社会公正时，关注空间组织和组织空间时可能产生的不公正，优势和劣势等社会后果。当然，在许多关于区位劣势和可接近性的文献和政策中，改善穷人和贫穷地区经济还没有在社会阶级关系的高度加以理论化。改善穷人和贫穷地区经济是通过考察（常常使用图示）一个地方人群的收入水平来分析穷人和贫穷地区的经济，而没有寻求产生这种状况的原因。这就意味着，还没有探索改革战略，尽管提出了要解决不公平的改良方案，而没有考察产生不公正的原因。

区位劣势和可接近性涉及人或群体与他们需要或希望使用

的一组设施之间不同尺度的关系。一般来讲，区位劣势或优势
涉及的场所，可能是一个街区，或者一个区域，那里的居民在
使用公共设施方面处于劣势或优势。可接近性一般涉及一种设
施或一组设施本身，个人或一个群体希望进入这个设施，但
是，这些设施被布置在他们难以达到的距离。所以，那些地区
能够拥有地方优势或劣势的属性；公共设施或服务可能是可接
近性的或不可接近性的。使用区位劣势（或优势）和可接近性
这两个概念，人、设施和场所或区位的空间混合分布存在是一
个确定的特征。

区位劣势或优势

区位优势或劣势概念表达了一种观念，人们生活的地方会
影响他们的机会，进而实质性地影响到他们的福祉或引起他们
的困难。虽然区位优势或劣势是地方属性或个人属性——原则
上讲，这样理解的区位优势或劣势概念不够严谨，但是，区位
优势或劣势概念的确涉及了事实上存在的区位优势或劣势问
题。如果一个地方、区域或场所提供给居民的公共服务和社会
设施低于标准水平，那么这样的地方、区域或场所就被认为具
有劣势。当我们把区位优势或劣势概念用到人或人群上的话，
那么区位优势或劣势概念意味着，一个人有机会或没有机会使
用他那个地区的公共服务和社会设施，如学校、医院、公园、
图书馆、公共交通，等等。这样，与其他人相比较，这个人在
获得同层次的机会方面，具有区位优势或劣势。例如，一个乡
下人可能没有适当的学校教育机会，而那些住在大城市里的
人，则有多种教育和就业选择。

一些城市理论家曾经这样认为：

　　当区位劣势并不是构成社会和经济地位的根本方面时，
区位劣势只是导致社会功能失调的多种因素之一。而当资源
的有效供应和使用方面出现空间制约性时，区位因素就变得

重要起来，因为有效供应的资源在空间上的布局是不均匀的，以致不是所有人都可以公平地得到它（马厄，等，1992，p. 10）。

十分明显，区位优势或劣势一般涉及社会设施的形体位置，即一组社会设施在一个特定区域里的位置。如果一个区域是孤立的，那么它通常具有劣势。这样，区位优势或劣势常常是关于人们获得这些社会设施所提供服务的难易程度，与人们相对于社会设施的距离或是否可接近社会设施有关。当然，在一个地区根本就不存在这类社会设施的情况下，问题就变成地区与地区之间的比较了，不同地区居民获得这类社会设施的距离，成为一个优势或劣势因素。因为没有考虑到社会距离，所以，强调人与社会设施之间的形体或空间距离的观念可能被认为是狭隘的。但是，在努力创造实际的社会设施来满足人们的需要时，突出空间距离的概念还是很有意义的。长期以来人们都以这种思维方式集中注意一定区域内部各类社会设施的布局问题。为了计算人们实际的流动性，我们需要知道，大部分人生活的地方距离医院、学校、食品店究竟有多远，人们究竟需要花多长的平均时间才可以到达这些须臾不可或缺的社会设施所在地？我们通过计算这类设施的位置，计算获得这类资源的程度，可以得到一个地区的相关指标。这样，我们就可以对比不同的地区，了解到这些社会设施和基础设施为普通居民提供服务的可能性，甚至知道这些社会设施和基础设施所能提供服务的人群的特征，如收入群体、年龄群体或家庭结构群体（参见，马厄等，使用这种方式计算相对区位劣势的计算方式，1992）。

另外，区位劣势也可以用来计算那些社会设施或基础设施高度集中对周边居民正常生活的负面影响。居住在某种社会设施附近的确获得了一定的机会或福利。但是，这也同样取决于这些设施的性质和生活在附近的人或人群的属性。的确存在这样一种情形，周边居民不需要一类设施，而这类设施却被安置在他们的附近，从而引起这些居民的抱怨，"不要放到我的后院"（NIMBY）。事实上，许多城市设施都面临"不要放到我的后院"这类抱怨，从垃圾填埋场，电力设施、到社会提供给无家可归者的临时食宿场所。"不要放到我的后院"这类抱怨可能导致那些设施的迁徙或重建。当这类设施迁徙到另一个地区时，一个地区的区位优势得以上升，而另一个地区的区位优势同时下降。再者，如果一个地区的一些居民正在使用这类设施，而迁徙它们的结果是，不使用它们的人获得了优势，而使用它们的人则失去了优势，例如社会提供给无家可归者的临时食宿场所。

现在，有人使用"第一空间"的术语来描述形体的或物质的空间。索娅（1996，p. 10）曾经说明过"第一空间"的概念，主要关注空间形式的形体和可以实际绘制的方面。在解释规划的行政管理功能时，她强调政府利用规划了解市民，认识场所，以便帮助他们管理社会，如绘制市民和场所的分布特征以发现问题，尤其是在当下复杂情况下，回顾整个问题产生的过程，找到实施社会管理的办法（赫胥黎，2002，p. 144）。数据的获取和表达的确可以推动问题的解决，数据的表达总要符合当权者的利益，同时，这些数据所揭示的问题有可能推进重新分配。另外，如果这些资料能够由政府或活动分子加以处理，并公之于世，那么，这些数据可能推进事物向积极方面转化。

作为多种社会设施和公共服务落户的场所，我们受益于它（除开我们住在具有污染性质的社会设施附近），获得相对的区位优势或劣势，现在，我们面临的困难之一是，居民倾向于把这类场所看作为一个容器，一个静态的和形体上结合在一起的地区，他们身居其外地向里边张望。这样看待人与场所的关系显然是不适当的，这也是把人的"流动性"看作是机会资源的原因，而不仅仅只是把场所看作为居住其中的人们提供机会的静态的容器。

总之，区位优势或劣势这个术语涉及多种多样的社会设施和公共服务是否能够满足在一个地方和区域内部需要它们的人们。

最为极端的区位劣势的案例包括孤立的社区，例如澳大利亚北疆领土的那些孤立的土著居民社区。一方面，那里没有适当的公共服务，另一方面，那里的人们没有足够的流动能力去做长距离的旅行，以获得他们需要的公共服务。所以，场所并非绝对把人囊括其中（尽管有人们被囊括在一个区域之中的情况），而把人的流动性问题与一个地区有效供应的社会设施问题结合起来，是十分重要的。城镇中具有一定影响力的社会群体希望产生某种政治结果时，居民"不要放到我的后院"的抱怨确实导致一些社会设施被迁出他们所在的地区。毫无疑问，评估人和地区的区位优势或劣势的程度是十分复杂的。

人们已经注意到了这种复杂性。政府的规划部门长期以来都认为，提供最基本的基础设施（交通、水、电力、通信、垃圾处理）是必不可少的，以确保不同地区在最基本的社会设施供应层次上获得平等。这是保证地区间区位优势或劣势不至于过分悬殊的"底线"。例如，澳大利亚的殖民政府和以后的州政府长期以来直接通过提供交通、上下水管网系统和教育设施来平衡城市居民的机会（格里森和洛，2000，p. 30）。我们注意到，第二次世界大战以来，在凯恩斯有关政府角色的思潮影响下，澳大利亚在开支方面更多地投入到社会供应方面，如一些地方的公共住宅、街区公共住宅，地方卫生所，以及位置适中的医院、幼儿园、学校和公园。阻止区位劣势的一个里程碑是，最近出现的对新的私人拥有和管理城市基础设施模式的批判（参见，格雷厄姆和马文（2001），涉及当前基础设施供应的"分裂"，特别是在英国，扩大了社会和空间不平等）。政府需要强化管理，以保证以盈利为目的基础设施管理不能损害城市和区域的公共利益。

虽然规划的目标是减少发生在国家和地方等不同尺度上的劣势和不平等，但是，如果集中的社会设施和社会服务的供应完全让位于多个不同代理机构和政府合作机构实施的地方化供应，社会设施和社会服务的效率和公正分配可能会发生问题。这种地方化的规划可能更好地反映了地方需求，然而，它可能导致不同人群之间的平等，引起不同地方机会间的差异。这类问题可以通过市场基础和地方化供应的集中管理规则来得到解决，而不是通过集中的供应来解决，现在，人们正在就重新分配是否强调的地方劣势的问题正在多种国家背景下展开争论。

接近和可接近性

接近和可接近性的概念倾向于关注人和人所需要获得的公共服务和社会设施之间的现实空间距离。当然，如果我们更深入地思考可接近性概念，我们会发现，对公共服务的可接近性超出了形体上可以接近的某项社会服务，同时，它也包括多种社会群体接近社会设施或获得公共服务难易程度的感觉。一个地方具有可以适当接近的公共服务和社会设施，要求人们感觉到比较靠近这些公共服务和社会设施，在得到服务的同时，有一种宾至如归的感觉，或者一种归属感。这个概念是索娅"第二空间"理论的一个部分（1996，p. 10）——我们对一个场所（或我们这里所说的公共服务或社会设施）的想像或感觉，会影响到我们对它的使用，形成一种这些公共服务或社会设施对我们如何适当的认同。塔卡哈西（2001）在对有关接近定量研究的批判中提出，了解依赖特殊医疗和社会服务的弱势群体的日常生活规律和社会网络，可能会比较好地使他们接近他们所需要的服务，那种仅仅把人和人所需要的设施匹配起来的定量评估的接近研究是不够的。塔卡哈西从她对美国城市艾滋病患者的个案研究中得出这样的结论，这些艾滋病患者得到医疗服务受到他们自己个人行为、"社会关系（如种族、性别和性生活取向）和社会机构（如医疗服务系统的规则和程序）的影响"（2001，p. 847）。这里强调的是，在追求重新分配中，需要认识社会不同群体的差异。新西兰最近发生了一起因为低估了学生的实际数目和预测数目而关闭了学校的案例。批判认为，规划师采用了"空间中性"的思维方式，没有考虑到整个地方的社会背景，从而减少了社会设施的可接近性。在一些案例中，关闭学校不仅仅限制了学生接近学校周边的其他社会设施，同时，受到影响的还有那些依靠学校而建立起社区意识的家长和家庭（维滕等，2003b）。所以，规划师需要在规划社会服务的形式和地理位置中考虑到这些问题。

可以接近社会服务还意味着，"公共"服务不应当忽略了一定的人或人群。一个以地域为导向的规划可能排斥掉了那些不在服务对象中的人们。营造地方标志的过程愈经意，使一些群体及其特征或行动成为那里的象征，而那些不乐于这类标志的居民愈有可能被排除在此之外。

所以，当代有关接近的观念明显超出了在大都市区里的空间上均衡布置社会设施的那些乌托邦理想。正如史密斯（1994）注意到的那样，任何城市的任何地图都会展示强势和弱势群体的空间簇团，穷人集中的地方社会服务通常比较差，而富人集中的地方则一般拥有比较好的社会服务。这样的图示要求比较均衡地布置社会设施，同时也迫使我们承认，不能实现社会设施的完全均衡布局，是建立一个比较均衡的社会设施布局以便为一个地方的居民提供更多的机会，是目前正在进行中的项目。如果我们注意到具有弹性的规划和具有刚性的规划之间的区别，这一点似乎不难理解，一个人或一个群体要求得到的社会服务越容易接近，那么，这些社会设施更能使他们的生活充满活力。但是，仅仅在形体上使社会设施和社会服务贴近他们并不一定就能实现社会设施和社会服务的真正潜力。就当代对可接近性的思考而言，那种追求空间上平等或公正即社会设施均衡布局的旧观念正在与致力于让使用者感觉到适当和方便的新观念结合起来。同时，还与程序上的平等结合起来，以保证地方和相关的市民能够参与到决策中来。在不同的时空条件下，有关程序上的平等和空间上的平等的解释和实践会存在差异。当然，由于当今世界许多国家都在把过去由政府管理和拥有的社会服务和社会设施私有化，在社会服务和社会设施的运行上推行合理化，所以，在提供可以接近的社会设施和社会服务的程序上的平等问题日益受到重视。

决策规则和沟通：通过重新分配创造公正多样性的途径

何种决策规则可能产生空间上和对受众群体公平服务的问题，涉及重新分配在一个特定的背景条件下究竟确切地意味着什么，我们的决策如何产生出优势和劣势的特定形态。同时，还有我们决策可能引起的不可预测的后果。除此之外，解释实施某项政策的理由和说明实施该项政策所期待的愿望本身也是非常重要的。现在，我们考虑两个问题，特定条件下的决策规则，解释重新分配规划的过程。

首先考虑第一个问题，使用哪些决策规则可以发现降低接近社会服务的劣势。决策规则是对特定规划措施的说明。在重新分配的规划中使用的决策规则可以用来说明如何通过资源分布来减少一些社会群体的劣势状态或社会不平等。决策者以一种方式想像重新分配后的各种结果——例如，一些群体或一些地方会因此而受益。有时，决策者量化目标，确定多少百分比的资源需要调整，或者支持这项重新分配的人群或地区的特征。正如我们在第一章提到的那样，决策规则会因条件的不同而变化，决策规则贯穿于整个社区协商过程之中。尽管决策规则会发生变化，但是，在协商过程中保证决策规则的清晰则是十分重要的——决策规则涉及人们的物质权利，如果决策规则不清晰，协商过程将面临困难。

对于制定重新分配规划的机构来讲，有两个决策规则是明确的：第一是不同地区和不同人群在社会公共开支分配上的公正，第二是社会融和。就公正地把社会资源分布到不同地方而言，我们希望较高层次的政府机构向地方政府机构提供可能的社会资源，以致在所有的地方实现某种意义上的公正。就社会融和来讲，社会机构将寻求确保一个地区所集中的弱势群体人数不要超出那个地区总人口数的一定百分比，所以，这个弱势群体的居民应当生活在一个社会融和的状态中，不同收入的群体和不同家庭状态住户混合在一起。

首先考虑社会资源在不同地区公正分配的决策规则。莱维、梅尔茨纳和维尔达瓦斯基（1974）在评估加利福尼亚奥克兰市的教育机构、图书馆服务和街道基础设施时，曾经提出过一个著名的建议，说明如何在实践中执行这种决策规则。这个市政府管理教育、图书馆和街道基础设施的三个部门的预算过程影响着奥克兰市社会资源的分配。它们可以提出因为需要提高服务水平而从州政府和联邦政府那里获得资金。决策者的职业规范同样会影响社会资源的分配——例如，工程师列举这个地区道路问题而寻求资金，图书馆在他们的预算中决定开支项目的轻重缓急。莱维、梅尔茨纳和维尔达瓦斯基研究了这些机构在资源分配上如何应用公正的决策规则，他们的发现如下。

对于奥克兰市的63所小学来讲，市教育部门把大部分资金分配到了富裕的街区和非常贫穷的街区，而那些没有被认定为贫穷街区的学校得到的资金最少。学校没有资格申请联邦资金，学校没有从学费和好教师的交换中获得什么利益。学校相对处于弱势。对于道路来讲，公路和城市主干道获得大量资金。因此而产生出工程师的规划标准，他们是从改善整个交通状况的角度看待街区道路的维修和提高。奥克兰的图书馆把有限资金首先投入到中心图书馆，而不是投入到它的分支图书馆。那些地处低收入群体集中的街区并没有额外的资金投入，为每一个街区图书馆购买同样的书籍，不考虑地区特征和需求。

在什么样的基础上，我们可以评估这些跨街区的社会资源分配的公正（一个十分一般的决策规则）程度？为了做出这样的评估，我们还需要详细展开公正的标准。"市场公正"，"机会平等"和"同样结果"都可以是这个一般决策规则的进一步的表达（莱维、梅尔茨纳和维尔达瓦斯基，1974，p. 244）。每个居民获得的社会服务开支应当符合他们街区的赋税比例，通常被看作是市场公正。每一个居民对学校的贡献具有同样的水平，或者每一个地方的社会设施具有同样的质量和功效，一般被认为是同样结果。

花在每个市民或街区上的有效开支都是相等的，两者之间无差异，普遍被相信是机会平等的。在评估奥克兰市三个政府部门的决策时，人们可能得到这样的结论，虽然每一个决策都寻求机会平等，然而，事实上，他们几乎都被市场公正的观念所支配，无论他们的愿望是否如此。奥克兰的规划师想必也会使用这些资料（与服务对象协商）重新评估他们的战略和重新制定他们专门的决策规则。

重新分配规划常常使用的第二个决策规则是社会融和。社会融和的决策规则特别针对那些社会资源贫乏人的、空间的和社会的场所。（富裕人口在空间和社会意义上的集中从来就不是重新分配规划的对象。）这个决策规则的愿望是把不同收入水平的社会群体混合在一起，特别是阻止贫穷人群的"集中"。有时，这些政策从"种族"角度划分贫穷，以及不在"主流"之中的为贫穷。英国最近开展了有关减少不平等的战略政策和决策规则的讨论，在是否存在扩大不平等的地方"场所效应"问题上发生了争论。比较贫穷的人们是否会受到生活在附近收入不高的人群的影响？如果这样，那些"地区导向"的政策是否特别对消除因穷人居住在穷地方而产生的贫困有效？是否应当有一种把社会资源更多投入到穷人集中地方去的决策规则，还是应当有把社会资源用来帮助穷人迁出那些穷人集中地方的决策规则？这个讨论受到工党政府的观念影响，工党政府认为，地区导向的社会排斥是产生弱势群体的基本原因，工党政府对不同尺度上贫穷社区发展过程的认识，以及工党政府实施的"城市更新"政策（米根和米切尔，2001；铁德尔和奥尔丁格，2001）。当然，这并非一个全新的议题，也不局限于英国政策和学术界，许多国家几十年以来一直致力于推行城市更新政策（参见第三章有关这个问题进一步讨论）。米根和米切尔（2001）对英国长期以来有关这个问题的讨论做了一个很好的总结，注意到英国政府的认识如何受到美国的威尔逊（1987）和帕特南（1993）的思想的影响。

贫穷人群的空间聚集最近成为欧洲和北美证据和政策比较研

究的一个论题，是否正是这种贫穷人群的空间聚集使他们丧失了流动性和机会，果真如此，是否应当在制定政策是考虑到这一点，或者把社会资源集中到这些地区，或者帮助那些穷人迁徙到收入水平相对混合的街区去。围绕这个论题，城市规划界被划分成为两派，一派认为，（城市里的）地方街区如同一个容器，另一派认为，地方街区是人们流动发生的场所。在考察了欧洲和美国的相关证据基础上，布里格斯发现，低收入家庭聚集的街区"一般都是很不同的。只有长期的贫穷，社会孤独的个人和家庭，与相邻社区形成的天壤之别，是相同的"（2003，p. 924）。从这个贫困角落的案例到纽约的散落四处的公共住宅的案例，布里格斯又发现，虽然从那些贫穷和犯罪猖獗的地区搬出来可能使家庭和街区受益，但是，这些贫穷家庭依然是较大区域、来自全球的移民流、蔓延开来的社会网络和变化的经济模式的一个部分，他们在城市里或超出了城市的边界，超出了那些关注贫穷少数人需要的社会机构可以达到的空间界限（布里格斯，2003，p. 923）。

这样，一方面少数没有获得足够社会资源的个人和家庭最终没有迁出他们生活的街区，而城市里却有各式各样的交通方式。这一点是清楚的，所以从这个角度看，就如同那种集中社会资源把穷人迁出贫穷集中的社区一样，把所有政策允许的社会资源都用于贫穷集中的那些街区也是一种有瑕疵的战略。值得推崇的是扩大"场所—机会相联系"的并举战略。但是，另一方面，有人并不看好这种观念，通过人的迁徙来调整社会设施不均衡的布局，人们宁愿允许那些社会设施水平低下的贫穷社区存在，而不愿意允许富人集中的社区存在。

以场所或地方为导向的设想显然首先需要考虑在接近社会设施和社会服务方面实现某种公正，阻止区位上的那些不可以接受的劣势或优势。另外，有证据表明，这些政策不足以充分解决区位的劣势问题，需要多种相互关联的政策（并非全部是规划政策）来帮助低收入群体分享社会进步带来的好处。在推进社会融和的情况下，在那些政府和低收入群体集中居住地区之外的市民们关注低收入群体集中居住现象，试图减少这种现象以实现社会融和或者减少政府对此所做的开支的地方，有人可能怀疑，这些政策是否更多的是考虑着政府和社会支配性群体的利益，而非低收入群。

另外，推进拥有较少社会资源的社会群体与占有较多社会资源的社会群体之间的社会融和政策不可避免地会出现重新分配和邂逅。这些城市政策是否正在推进我们在第一章中所提到的交往方式？鼓励在公共空间里的相互交往和走到一起并不是迫使人们到那里去生活或与谁交往。我们会在第六章和第七章中进一步阐述这一点。这些政策旨在给人们的相互交往提供机会，如同莱维、梅尔茨纳和维尔达瓦斯基（1974）在奥克兰研究中所描述的那种平等机会，是一种政策性的行动。对人们敏感的重新分配方式至少应该关注社会优势群体和弱势群体聚集生活在一起的负面效果。实际上，大院式的社区，许多国家出现的那种由保安守卫的高密度富人居住区，阻碍了墙里墙外的人们之间的交往（韦伯斯特，格拉兹和弗雷茨，2002），甚至只是随意穿过这些社区时出现的人际交往也不可能发生（布拉克利和斯奈德，1997，p. 153）。"同类型社会群体的聚集"也有它的一些优势，较高收入的人们自我隔离，从而独享高质量的社会服务（杨，2000，p. 207）。相似社会群体的空间集中既有区位上的优势和劣势。隐含着社会认同和邂逅在内的重新分配可能会限制建立富裕居住社区的机会，这种重新分配方式相信，自我隔离会损害城市公共空间，因为富裕的人们不再乐于对整个城市范围内的社会服务、社会设施和社会相互作用做出他们的贡献。对社会认同和邂逅十分敏感的重新分配规划方式不能鼓励也不能谴责富裕社会群体在空间上的自我隔离。

当然，"同类型社会群体的聚集"也支持重新分配的规划。在澳大利亚的城市里，以种族为基础的隔离水平并不高，围绕移民群体聚集的优势或劣势而展开的争论强调了空间共享在定居过程中的好处（伯恩利，墨菲和费根，1997）。与社会富裕群体的聚集相对比，社会贫穷群体聚集的社区并不阻止他们社区之外的人们进入他们的街区或建筑（尽管这种情况也许并不多见）。

如果跳出通过决策规则分配给相应社会群体和地区的社会服务问题，我们会面临另外一些有关如何表达这些政策和规划的关键问题。什么是一项规划的根本原因？如何说明或证明重新分配规划？围绕一项重新分配规划和它的决策规则而展开的论述，将会决定市民如何去理解这项规划，将会决定规划师如何向市民解释他们因此而获得的好处。

这里，论述是一种描述，或一种逻辑，用来证明重新分配规划和编制规划的决策规则。这个论述通过更为宽泛的政策纲领和公众讨论，通过特殊的语言，解释和说明其基本原因，使得这项规划对"公众"和听众产生意义。论述并非与重新分配规划分离，而是重新分配规划细节的展开，是以减少不公平性为目标的重新分配规划的一个重要组成部分。因为重新分配规划关注的是把政府掌握的社会资源重新分配给那些需要它们的人群和地区，同时减少那些已经过多拥有这些社会资源的人群和地区所占份额。如果那些需要被推论为不值得，那么讨论中的重新分配规划政策就会处在两难的境地，对重新分配规划的这类解释可能会轻视那些接受这些调整好处的地区和人群的能力。由于公众感觉到那些人们没有资格获得重新分配规划所带来的好处，所以，他们可能会抱怨这项规划。

事实上，已经有证据显示，西方主要城市日益增加着来自过多占用社会资源的那些社会群体对重新分配规划的抱怨。过去十年，美国城市实施了针对无家可归者的城市改造，推行了帮助无家可归者接近公共空间的政策，但是，反对之声不绝于耳（史密斯，1996）。在针对美国无家可归者和艾滋病患者的社会服务供应状况的一项大型研究中，塔卡哈西（1998，p. 130）揭示了那些需要社会服务和社会设施的社会群体如何比与之相邻的社区更有资格获得这些帮助，也解释了这种说明如何影响着人们在社会服务和社会设施布置上经常出现的"不要放在我的后院"的观念。塔卡哈西说：

> 人们之所以强烈地反对修建提供社会服务设施的原因之
> 一，是大众媒体的表达和社会上对这些依赖于社会服务的人
> 们的看法，以及大众媒体的这些看法怎样影响大众的看
> 法……在社会舆论中的确存在对这些社会群体的歧视。例
> 如，"无家可归者"通常与懒汉、酗酒者、毒品使用者、精
> 神病患者、犯罪分子、甚至变态狂相联系（塔卡哈西，
> 1998，p. 130）。

这两个案例都不是关于政府如何证明规划干预的必要性或决
策规则的正确性，而是关于公众对那些不幸人们的看法。当然，
政府在说明规划时可以努力避免公众的观点。

政府对重新分配政策基本理由的解释可能会影响公众舆论。
当他们说，缺少社会资源的人们有资格获得他们需要的社会资源，
目的就是指望获得大众对政府政策的支持。这种政策说明对于成
功执行这类政策至关重要。南希·弗雷斯对美国福利政策中有关
需要的政治解释（1989）很好地说明了如何选择用来执行一定福
利政策的决策规则。

长期以来引起人们兴趣的问题是，为什么一定的城市现状被
挂上了"问题"标签，并成为城市政策和规划试图解决的对象。
雅各比、凯梅尼和曼茨（2003）最近就英国的"住宅问题"对这
个过程做了分析。对于掌握权力的那些人来讲，确定一个可以在
实际中可以找到"解决办法"的问题是十分重要的。一定的人群
和一定的社会资源分配似乎总能够或多或少成为吸引社会关注的
"问题"。例如，单亲母亲首先获得公共住宅的"问题"，公共住宅
地区的"反社会行为"的问题，就是英国社会关注的"问题"。前
者的逻辑是，证明单亲母亲是一个特殊的社会群体；后者的逻辑
是，谴责那些有"反社会行为"的个人和社区是为了强调大型公
共住宅区的维护资金已经被削减了，而非谴责政府的政策。我们
可以在一些政策反应介绍中看到这类离题的命题。就单亲母亲的

问题而言，1996 年英国《住宅法》规定，在分配公共住宅时，首先满足双亲家庭的需要（雅各比，等，2003，p. 438）。就"反社会行为"而言：

> 让房地产主使用一系列方式说明反社会"问题"是法律已经规定了的。除开 1996 年的《住宅法》，还有《噪声法》、《避免财产损失法》和 1998 年的《犯罪和扰乱秩序法》，都成为颁布强制令、青年宵禁限制和反社会行为令，以及认定过去自认为是民事问题的犯罪行为的依据……"可怕的街区"这个术语在媒体上是极具影响力一种描述（雅各比，等，2003，pp. 440 – 441）。

这类论述不仅仅以某些社会群体的状况，也以某些特定地区的状况，来说服人们接受重新分配规划。吉布森和卡梅隆对此有过一个很好的说明（2001）。在一项有关经济改革的政策（和学术的）论述，描绘了澳大利亚东南部的一些城镇缺少适当的社会设施和资源的情况。过去 20 年，政府出售了它在那里的公共设施公司，同时减少了其规模，那个区域的失业率持续上升。许多人反对在说明经济改革时，使用暴露那些地区和市民负面特征的方式，来解释现在的经济困难。在有关地方社区设施的论述中，已经形成了自己独立的概念体系，而不是经济改革的概念（吉布森和卡梅隆，2001）。在现存社区设施基础上，推进经济社会活动和发展产业的社区发展战略与那种反应经济改革政策的发展战略形成鲜明对照，后者把这个地区和社区看作是弱势的，在对这个地区做出进一步发展之前，需要来自外部的援助。

所以，论述确定了规划战略需要解决的"问题"。在我们现在流行的资本主义民主时期，政府（常常称之为新自由主义）强调社会支出的效率和目标，以便产生预算结余，越来越少关注第二次世界大战后福利国家提出的针对所有人的基本服务。重新分配规划并非一个完整的现在普遍应用的政策理念，它的目标是帮助那些占有最少社会资源的人群和地区。这种分配观念的改变，一定会引起那些认为这类帮助应当是普遍的人们的抱怨。当然，在多大程度上把重新分配规划看作不同于普遍的政策要求的"非常的"特殊帮助，不同的国家和政府是不同的。

小结

是否有可能在重新分配规划政策中找到任何需要改革的可能性，改变产生分配不当的原因，以便向公正的多样性方向发展？

正如在这一章开始时提到的那样，战后初期出现的重新分配原则已经改变了。寻求调整城市布局的政府所沿用的原则正在随着政治—经济方式和管理方法的变化而改变。一方面，当代政治学和管理方法常常限制了用于重新分配规划的决策规则。另一方面，重新分配依然作为一种城市规划的社会逻辑出现，无论政府是否执行重新分配规划，在财政上都比 20 世纪中期的凯恩斯主义要保守。自 20 世纪 70 年代以来，对自上而下规划方式的批判和日益增加的规划协商过程，都使得规划决策规则和规划论证政治化，增加了错误理解这些规划决策规则的可能性。

在 20 世纪中叶的重新分配规划中，"所有人"是一个令人疑惑不解的个人，那时的重新分配规划假定，重新分配是让所有有资格的人，甚至希望获得社会资源的人，获得同样的社会资源，接近同样的"城市"，它还假定，有些人因为某种约束而不能获得这样的资源，所以，需要去掉这些约束。区位劣势和可接近性是那个时期的规划原则。这些原则对于今天的较好多样性观念依然重要，即使希望获得的社会资源的水平和形式并非对每个人都是相同的，即使每一个人并不一定以同样的方式生活在城市中，较好多样性还是坚持对人们获得社会资源做出约束。

社会管理文化方面的变化也许使实施重新分配规划的任务更为复杂，特别是在议会民主制度下，因为公共部门日益把关注点置于效率上，把目标瞄准了重新分配的效益上，而非普遍供应上。

除此之外，以城市再开发为目的的规划可能也日益与那些似乎存在争议的目标结合在一起，如旧城改造或把公共服务交由私人部门管理。尽管如此，我们还是希望提出，尽管倾向于弱势群体和劣势地区这类规划政策可能受到各种指责，但是，从比较广泛的意义上讲，它依然获得了一定的社会效益。对现代福利国家的观念和针对所有人的规划模式的批判导致了这些认识上的提高，同时，也依赖于认同这个概念的发展，以及与认同相关的规划实践和社会活动。在我们开始讨论以认同作为起点的规划之前，即第四章和第五章，让我们先讨论重新分配规划已经和能够实施改革的一些方面，尽管目前它处在新自由主义的大背景下。

我们已经在第一章中提到过李的观点，这种不同'多样性'的多样性常常没有足够理论化，社会和文化的多样性，经济的多样化，混合使用和多目的的分区规划，政治多元化，民主的公共空间，这些多样性之间相互关联，由此使全社会受益（李，2003a，p. 613）。承认多样性的城市重新分配规划始终注意，何种形式的多样性是可以接受的，何种形式的多样性是不能接受的。不能被接受的多样性是那些会使一部分人和地方成为弱势的多样性，增加人们之间不平等的多样性。实际上，以社会认同和社会交往为新的社会逻辑的重新分配规划是一个革新的概念，它使我们对"公共产品"有了新的认识，它并不依赖于凯恩斯福利国家所主张的公民均等的观念。重新分配规划坚持认为，尽管政治学意义上的认同要求尊重人们之间的多样性，但是，有些多样性的形式比起其他多样性更为人接受，有些多样性的形式与劣势和玷污相联系。重新分配规划强调，虽然政治学意义上的邂逅要求建立可以让不同的人和群体进行交流的城市空间，然而，这样的城市空间总会把一部分社会群体排斥在外，这样的重新分配规划可能是革新或转化性的。强调邂逅场所的多样性并不等于说，邂逅场所的"主流"人群，甚至这些主流人群的领导者，一定接受这种多样性。

规划实践中也有例证表明，重新分配规划具有转化性，承认任何变革都需要经历一个长期的过程，我们很难找到任何孤立的规划结果。我们现在进入第三章。在第三章中，我们讨论重新分配规划的三个例子，城市更新、幼儿园规划和为离开智障看护机构的人们提供的社会交往场所。我们试图说明，在这些涉及城市社会生活的规划领域都有不确定的因素。一个时期和一个地方的规划将会怎样影响到另一个时期和另一个地方，也许是始料未及和不可知的。当然，分析那些重新分配规划的成功方面和批判它们的局限性还是重要的。

第三章

实践中的重新分配规划

　　这一章我们将讨论城市重新分配规划的三个案例。第一个案例涉及城市更新，通过改善贫穷地区的生活条件，增加城市的公共福利。在一定意义上讲，城市更新设想的受益者是特定的弱势群体，城市更新政策和实践并不涉及这些弱势群体的其他方面。所以，我们把城市更新当作重新分配，城市更新总是要涉及社会认同和社会邂逅的问题，不过，我们在其他两个案例中讨论社会认同和社会邂逅与重新分配的联系问题。第二个案例涉及的是地方幼儿园的规划。这项规划的目标是，满足那些希望回到工作岗位去的人们获得他们需要的社会服务。这项重新分配规划特别针对妇女，它承认这些妇女为了回到工作岗位，需要把照看儿童的事情交由社会，获得照看儿童的社会服务。所以，这个案例中的重新分配规划把重新分配的目标与认同一个特殊社会群体（需要回到劳动大军中去的妇女）的需要联系起来。第三个案例涉及那些残疾人（这里涉及的是有智力障碍的人），他们可能生活在一种社会机构之外，但又生活在"社区"之中。这些精神疾患病人曾经长期生活在精神疾患病人护理关照机构中，他们现在走出了护理关照机构，所以，这个规划寻求为这些人建立起一种邂逅场所，让他们在走出护理关照机构之后，有机会与社会的其他成员进行交流。

第三章的案例

表 3.1

重新分配	重新分配和认同	重新分配和邂逅
城市更新	为在职妇女编制的地方幼儿园规划	出院的精神疾患病人

　　我们在第二章中明确了两个决策规则。它们的目标在于通过重新分配规划，把社会资源重新分配给弱势群体。在这一章的案

例中，我们会明显看到这两个决策规则。第一个决策规则，社会资源应当公平分配给所有地方成员，在地方幼儿园规划案例中体现得最为充分。第二个决策规则，社会融和，以改善住宅条件和城市公共福利。在一些情况下，城市更新使高收入社会群体获得比低收入群体更多的利益，所以，与以改善贫穷社会群体为目标的重新分配规划的目的相悖。这并非总是城市更新规划的结果，但是，当低收入的个人或家庭在不愿意离开原住地而硬要迫使他们搬走的话，这种情况就会发生。第三个案例涉及精神疾患病人群离开关照他们的机构进入社会以后产生的问题，人们很少注意到这个国家社会政策给城市带来的新问题。提出这个案例是要证明，在社区居住和医疗设施布局上，市场公正成为了不言而喻的决策规则。如同城市更新一样，取消专门的社会关照机构，把需要关照的人交给社会，已经被证明比预料的结果要差很远，因为住宅市场决定了走出关照机构的人们的生活状况。

这些案例清楚地说明，资本主义民主社会的政治和经济现实使得执行希望重新分配社会资源的规划政策异常困难。这并非说，我们应当放弃重新分配社会资源的愿望。即使我们回头看在执行社会资源再分配过程中已经出现的问题，并对此抱歉和加以批判，我们也不要忘记，有些社会资源的重新分配的确是针对某些人群和地方的。关注过去的城市更新案例，会给我们提供一个线索，深入思考现在希望重新分配社会资源的规划。

重新分配：城市更新

长期以来，规划师和城市决策者一直在探索，弱势群体在空间上的集中是否会使他们在社会上更处于弱势地位。这就出现了长期争论的社会融和问题。城市更新，现在有时也称街区更新，就是重新分配的城市规划的一个重要部分，它希望消除弱势群体过分集中在一些地方的现象，从全社会的公共利益出发，改善这些穷人的住宅和城市生活条件。通过自20世纪50年代以来的许多大背景下城市更新案例，我们可以思考城市和街区更新规划是否成功地实现了它重新分配的目标。相比较而言，早期的城市更新项目没有后续项目成功，这可能与吸取早期城市更新的教训和纠正那些工作中的错误有关。

社会学家和城市规划师 H·甘斯在 1962 年出版的《城市村庄》中，介绍了波士顿西端地区居住的低收入意大利裔美国人的生活和社会。这个街区和社会群体在 20 世纪 50 年代末面临清理和搬迁。1958 年，这个街区聚集了 7000 人，而到了 1960 年夏天，那里只有瓦砾（甘斯，1962，p. 285）。这个城市更新项目成为 20 世纪 50 年代和 60 年代西方国家采用城市重新分配规划方式的经典案例。甘斯对此给规划师提出了许多问题，这些问题至今对我们考察城市或街区在开发的目标仍然具有现实意义。他所关注的基本点是，这种形式的重新分配规划是否通过这个地区的再开发，实际上把社会资源重新分配给了这个地区的低收入和拥有很少社会资源的群体。或者说，我们怎样确认这个地区再开发所产生的效益果真分配给了那里的低收入群体或分配给了其他人？

甘斯本身是一个中产阶级的学者，他从中产阶级的角度研究了那个时期波士顿的城市规划师和西端地区开发时的"临时代理人"——他称他们为"外来的和尚"（p. 142），如慈善机构、社会福利组织和公共图书馆，他们给西端的居民提供咨询意见，关照他们的利益。这些社会机构的工作人员把西端看成一个贫民窟，他们相信，清除掉那里的建筑和搬迁出去，当地居民一定会受益。与这种对西端的"官方的"看法相反，甘斯发现：

> 西端人并不认为他们的地区是贫民窟，他们怨恨市政府对他们地区的描述，因为这种描述把他们推到了贫民窟居住者的境地。西端人虽然不喜欢那些公寓楼，因为那些公寓楼的外墙不易维护，业主需要经常清理，需要维护整个建筑的运行系统，但是，这并非他们这些租赁者的事，他们对此也没有太大的意见。人们在他们资金可以承担的前提下，不断

更新他们的公寓楼，我看到的大部分西端人与城市或郊区街区的中下阶层的人没有太大区别（甘斯，1962，p. 20）。

生活在那里的人们喜欢西端较高的人口密度，尽管邻里比较接近，但是，他们认为足以维持他们的私密性。西端人并不把房子看作他们身份的象征。他们关心他们自己的街区，而对社区之外的政府、行政管理机构和政治没有多少兴趣。西端人厌恶消费主义的生活方式和中产阶级的郊区生活风格，不愿意离开他们街区所形成的社会（pp. 218－219）。到了20世纪50年代末，"所有的波士顿人都认为西端是个贫民窟，应当推倒。这不仅仅对波士顿有利，西端的居民也同样受益。公共机构和私人代理机构对西端的研究，媒体上的故事，帮助大众形成了对西端的印象和观点"（甘斯，1962，p. 287）。正如我们在第二章所提出的那样，这种舆论能够很大程度地影响制定政策时对问题的定性，从而影响政策反应的方向。

波士顿再开发当局从西端的住宅业主那里购买了全部建筑，同时，给西端的居民建立了一个搬迁计划，他们可以搬进其他公共或私人的住宅中去，但是，必须离开西端。在一定意义上讲，社会融和的目标在西端是通过强制的方式把穷人赶到其他地方去来实现的。西端的居民事到临头还不相信此次搬迁真会发生，他们一直认为政府是在浪费时间。当正式搬迁过程开始，大部分居民也没有要求市政府的代理机构来帮助他们搬迁，这种情况在城市更新项目中常常发生（甘斯，1962，p. 304）。这个地区完全被拆除，仅仅留下不多的老建筑，包括天主教堂。不久以后，私人开发商沿着查尔斯河，在那里建设起了供富人居住的高层公寓建筑。

通过甘斯的分析，我们可以从波士顿的这项城市再开发规划中获得哪些教训呢？他感觉到，"这个再开发决策本身就不完全是公正的，而且西端规划并没有考虑当地居民的需要，本来那里的老居民是要通过贫民窟的改造而获得一些利益的"（甘斯，1962，

p. 306）。对于西端人来讲，比较好的规划方案应当是，翻修那个地区的大部分建筑，只是拆除那些结构存在问题的建筑，然后，让这些老居民继续居住在那里。在拆除那些结构不稳的建筑而释放出来的土地，可以建设小公园、游乐场地和停车场。这些西端人能够继续生活在得以改善的老街区里。

但是，从更广泛的公共利益出发，城市更新被指望让除老居民之外的人也得到利益。在评估规划师和市政府的项目代理机构如何看待"公共利益"上，甘斯发现，他们认为，"高收入的居民有利于这个城市，而低收入的居民仅仅是消耗公共开支"（p. 319）。他们忽视了低收入群体对城市的贡献。这些低收入群体在服务业中工作，开商店，做小生意；他们产生低收入者对住宅的需求。另外，在市政府再开发机构与西端老居民之间的交流相当不尽如人意，这些机构几乎没有给搬迁居民什么帮助。例如，西端的居民们不了解他们可以行使的征用权，只是生气而已。甘斯编制了一个有关城市更新项目的决策规则，他建立这套规则的基础是，承诺城市更新是一个有希望的目标，但是，在执行中应当以贫民窟居民的利益为主导，而不要被其他人的利益所主导，如开发商、零售商和吸引中产阶级返回城市的那些人们。甘斯列举的一些决策规则如下：

①应当更多地把重点放到低租金住宅的翻修上，较少地把重点放到彻底清除上（p. 330）；

②除非在适当的地方有适当的住宅，搬迁可以改善搬迁者的生活条件，否则，应当尽量减少搬迁（p. 330）；

③搬迁计划应当置于整个更新计划的第一位，除非制定出适当的搬迁方式，否则联邦政府和地方代理机构不能批准任何更新规划（pp. 330–331）；

④搬迁计划应当以对项目地区居民的了解为基础，以便搬迁计划适合于他们的要求和需要，这样，官员们应当在执行计划前已经对计划执行的后果有所了解（p. 331）；

⑤当搬迁导致搬迁者住宅费用大大增加时，联邦政府和地方

代理机构应建立起一个租金涨停界限，以便让搬迁者在搬迁前就积攒未来的租赁开支（p. 331）。

正如甘斯所说，这些规则会增加城市更新项目的费用，但是，这样做才会是公正的。按照他的观点，因为城市更新而搬迁的那些人，或因此而处于弱势的那些人，不应当承担任何项目费用和支付私人开发部门的利润。尽管甘斯仅仅研究了一个城市更新项目，但是，他提出的问题和推荐的意见都与那个时期的许多城市更新项目有关。

如果我们考察其他时期和其他城市，我们果真能发现有人在意甘斯的意见吗？对于那些在 20 世纪 50 年代和 60 年代开展大规模贫民窟清理项目的西方城市来讲，各类社会运动的确对那些项目进行过多方面的批判，敦促对其作出调整，改变了指导城市规划的方式（参见米勒（2003），他考察了苏格兰地区和法国的一个地区的城市更新项目）。这里，我们来看看吴良镛（1999）如何分析北京旧城一个街区改造的案例。吴良镛是一个著名的建筑师和城市规划师，自 20 世纪 50 年代以来，一直为中国政府和北京市政府工作，指导北京旧城传统四合院的保护项目。这里要考察的国家和地方政府都是社会主义的，过去人们一直认为，比起其他政治经济制度下的政府，它们更为理解贫穷人群对可以承受的住宅的需要。北京旧城的住房条件不好：1990 年的一项调查发现，在北京内城和近郊 8 个区中，有 44% 的单层住宅是破旧住宅。在北京旧城地区，规划了 128 个需要更新改造的地区，大部分沿着老城墙，长期以来一直被认为是比较贫穷的居住区：

> 大部分住宅只有公用的供水管线和下水道，没有适当的厨房，也没有现代生活的其他基础设施。它们中有些地区的路况很差。这些地区缺少公共空间，因为人口密度很高，所以甚为拥挤。许多家庭三代同居一个房间，许多新婚燕尔的青年夫妻因为没有住房只能分开居住（吴，1999，p. 49）。

有许多原因造成北京内城地区在 20 世纪 90 年代早期出现这种

情况（吴，1999，p. 49）。有些居民来自外地，有些人在"文化大革命"期间被迫离开那里，而"文化大革命"结束后又返回到老宅。他们都在等待比较好的住宅，但是，等待的人很多。很多居民就在他们居住地区工作，他们的工作单位拥有他们居住的住宅的产权，但是，这些工作单位没有资金对这些住宅进行更新改造，也没有多余的住宅提供给正在扩大的家庭。所以，这些职工的家庭成员只能挤在一起居住。为了解决这些居民对经济住宅的基本需求，吴良镛和他的学生提出，更新改造四合院，以满足当代生活的需要。吴良镛引用了简·雅各布斯（1961）对 20 世纪中叶美国城市开展的清除贫民窟项目（甘斯所研究的波士顿案例也在中）的批判，从雅各布斯那里受到启示，提出谨慎改造城市街区以避免大规模清除旧街区所需巨额投资的主张（吴，1999，p. 64）。

北京旧城菊儿胡同改造项目是吴良镛和他的学生的研究项目，占地 8.2 公顷。他们设计了一种新型的四合院式住宅，包括胡同。在菊儿胡同改造前后，他们对该地区的居民进行了调查和多方面的咨询。有趣的是，这个地区的居民并非贫穷，他们在区政府所属单位工作；当然，他们的住宅和周围地区条件很差。所以，这个地区城市更新的问题是，如何给改造这个地区的住宅和基础设施提供资金，怎样的住宅设计可以既保护这个地区的历史传统风貌，又能适应当代生活。我们这里不讨论设计本身的问题。我们只是对开发的资金问题、搬迁和回迁所带来的后果感兴趣。拥有这些住宅产权的单位所追求的是，建立起一个住宅合作社，管理再开发的资金和满足居民的需要。1989～1990 年，这个项目陆续展开。

1991 年，建设工程开始。对项目完成后回迁居民的调查表明，他们非常满意该项目。回迁者需要购买他们的住宅单元，但是，那些没有能力偿付这笔费用的居民只能离开旧城。虽然那些搬迁出去的居民得到了高质量的住宅，然而，他们是非常不情愿地离开了旧城。吴良镛从比较宽泛的角度上对街区更新项目如是说（1999，p. 172），"从最近开展的其他城市更新项目中出现的搬迁问题显示，缺少对搬迁出去的居住地的选择，搬迁的距离很远。'富人可以留下来，穷人必须搬走'的情形越来越普遍"。这与波士顿的情况相似，在城市更新项目中，穷人一般都被迫迁出。

如果说吴良镛从 20 世纪 90 年代初期菊儿胡同项目中所得到的经验是，保证更新后住宅的价格可以为原居民接受，是十分重要的，是项目可能开展的基础，那么，到了 20 世纪 90 年代末期，他的看法就不是那么乐观了。一方面，北京的情况有了一些变化，他所主张的"有机的"城市更新形式的整体战略已经难以实施（1999，p. 202）。另一方面，私人房地产业的发展导致了许多问题。在 20 世纪 90 年代早期，北京的所有城市更新项目"强调社会效益，目标是立即重建和翻修最危险的住宅。当时政府的基本承诺是，绝大多数当地居民在旧城改造后要回到原住地"（吴，1999，p. 202），而到了 20 世纪 90 年代末期，日益发展起来的房地产业对内城土地和房地产开发方面的利益改变了早期的旧城改造方向。从内城地区的土地和住宅上获得最大利润与修缮和保护低收入居民的适当住宅的目标是不一致的。开发商和旧城居民之间的冲突日益增加，搬迁出去的居民要想获得经济适用房需要越搬越远，直到城市边缘地区，以致抱怨不绝于耳。开发商获得了旧城开发权，而没有承担他们同意承担的义务。在整个北京都市区范围内，城市更新采用了大规模清除的形式和再开发项目。

在这个令人失望的背景下，吴良镛（1999，p. 211）总结了以下指导北京城市更新，特别是北京旧城更新的决策规则：

①"降低城市更新的速度，减少城市更新的规模"；

②"在北京旧城，寻求新的房地产开发方式，包括土地开发的公开透明和建立监控体制，减少开发的短期效益……（这将需要建立法规）"；

③"继续推行最初的小规模城市更新政策；提高历史文化区域的确定和保护"；

④"重新考察开发商所拥有的土地开发权"。

在吴良镛的北京旧城城市更新案例研究中，与甘斯（1962）

一致的地方是明确的，城市更新的基本点应当是，让居住在破旧街区的不富裕的居民受益。规划师在思考这些复杂形势时需要牢记的问题是，改善已经居住在那里的居民的生活条件。但是，改善现存居民的生活条件这个基本目标已经让位于其他社会群体的利益，让位于更为广泛的"公共利益"，以致把其他群体的利益置于已经居住在那里的居民的利益之上。在这种情况下，城市更新规划的基本结果已经不是适当调整的布局。在任何一个城市更新项目中，都会出现要求留在原地又居住在可承受的住房中的当地居民，与其他利益群体（如通过把改造地区的土地开发为住宅以盈利为目的的开发商）之间的矛盾。政府在这种情况下的作用是特别重要的。

现在我们再来看看当代英国的情况。自 1997 年以来，英国工党政府把城市政策和城市更新看作是一个重要的领域，努力振兴英国的城市。不同于以上两个案例，减少街区或社区规模的城市不公正，是英国国家层次的政策问题。多年以来的研究报告已经揭示出，英国城市中的贫富差别正在扩大。公共住宅成为一个特别弱势和正在继续走向劣势的领域。20 世纪 90 年代末期，人们认识到，过去的政策是不适当的，所以，工党政府建立了一个"社会排斥工作组"，专门研究内城更新的可能性，同时还包括其他正在衰退的城市地区。

这里不可能全面总结由此而产生的各项政策（伊姆里和拉科，2003）。对我们来讲，重要的是工党政府执行了以地区为基础的项目，减少最贫穷地区和人口的贫困和劣势（除此之外，还有许多其他管理方式，如在社区和工作场所推进一种公民形式，配合政府机构，共同承担改革和减少贫困的责任）。例如，一些地区的营养食品对于贫穷居民太昂贵了或者因为地方上的商店里没有进货，出现了营养食品不足的问题，即"食品贫乏"，中央政府要求地方政府的规划师改善地方商业区的条件，以此作为申请城市更新资助款的基本要求（里格利等，2002，pp. 2103 - 2104）。另外，英国政府正在努力减少金融服务方面的分化，鼓励金融机构在城市的劣势地区开展业务，更大地承担起社会义务（马歇尔，2004，p. 246）。

这些以地区导向的项目所采用的措施都具有类似的地方规模，都与波士顿和北京案例一样，关注了城市更新问题。在英国案例中，改善住宅条件依然是许多地方政府工作的重要方面，规划建设经济适用房依然是重中之重的任务，但是，地方政府的基本目标已经超出了住宅，更为广泛一些。他们正在处理不同种类的地方劣势。同时，英国没有把大规模建筑清除和居民完全搬迁作为他们的目标；如同波士顿，这种阶段曾经在20世纪50年代和60年代发生过，也遭到过广泛的批判。与波士顿和北京不同的是，英国人所要改变的不仅仅是建筑环境，还包括社区本身。这样，新的项目要求提高地方居民参与地方政府、其他政府和非政府机构工作的能力，以此影响地区的发展（伊姆里和拉科，2003，p. 21）。

对于英国这种全面推进的战略方式和一些具体政策也出现了一些严厉的批判，他们认为，应当在重新分配方面采用不同的形式。一些分析认为，工党政府的这些战略和政策的缺失之一是，认为"问题"出在一些街区的居民没有参与到他们街区的治理过程中来，关注相关居民的参与，而没有关注相关居民在物质上的贫困和劣势，没有关注为什么这些贫困和劣势会持续存在（卡恩斯，2003；莫里森，2003）。伊姆里和拉科（2003，p. 28）通过一个经济适用房案例对此提出了进一步的批判。他们注意到，一个地方社会活动分子抱怨，市政府关注那个地区公共住宅租赁者和单元的数目，关注这些贫困人口的空间聚集，所以，市政府把这些公共住宅换成了业主自用的住宅。所以，这个地方社会活动分子认为，市政府正在通过吸引中等收入的人和发展业主自用住宅的方式，限制比较贫穷的人群在那里居住的可能性，从而达到减少地方贫困的目标。如果市政府的战略得以成功，那么这个地区的贫困当然会减少，但是，那些低收入的公共住宅租赁者就不可能留在原地，分享这个地区城市更新带来的收益。这个地方社会活动分子暗示了社会融和的可能后果。

自 20 世纪中期以来英国城市政策的不稳定同样受到批判（李斯，2003b，p. 66）。直到 20 世纪 70 年代，政府一直负责城市更新和再开发，基本方向是大规模再开发内城的"贫民窟"地区。20 世纪 80 年代以来，城市更新和城市"复苏"项目使用公共投资，吸引私人公司的合作，试图把城市地区改造成为吸引人们生活居住的地方，当然，通常吸引的是比较高收入的社会群体返回城市中心地区。尽管他们声称减少贫困和社会不公正，改善贫穷人群居住的地方，但是，批判者认为这些政策在本质上是寻求把城市建成中产阶级居住生活的地方。

这里，我们再回到甘斯的观点，关注贫穷人群和他们居住场所的规划师和决策者，在看待他们城市更新政策的对象时，都不可避免地带有中产阶级的视角。正如李斯所说（2003b），在每一个城市更新情形下，都存在将日渐破败的市区改造成为良好的中产阶级居住区的可能性。无论如何解释城市更新政策，城市更新的结果果真倾向于中产阶级了，然而，有关城市更新政策的决策规则还是建立在过去对此类现象的批判之上的。如果这些政策打算重新把社会资源分配给那些缺少社会资源的人们，那么，甘斯和吴良镛所提出的标准还是不能被遗忘的。吉普森和卡麦隆（2001）提出的那种地方经济重建导向"社区资本"，还有我们在第二章讨论过的论点，即政策讨论应当起源于对地方资本的认识上，而不是起源于对地方缺少什么的认识上，都具有预测性，假定通过城市更新，调整后布局会怎样使这个地区更具活力。

当具有重新分配社会资源性质的城市更新政策真正把社会资源重新分配给那些街区的低收入群体时，这样的城市政策怎样就能够具有革新性，即实现更为深层次的目标呢？正如我们在波士顿和北京旧城的案例中所指出的那样，通过认同和沟通说明调整方案可能帮助重新分配政策比较直接地服务于很少占有社会资源的群体。如果城市更新政策和项目能够清楚地认识到它们所针对的社会群体，那么，就可以使重新分配更适合于那些社会群体的特征并满足他们的需要。甘斯通过分析波士顿西端地区的社会阶层，把握住意大利裔美国人的特征；而吴良镛通过详细调查了解了北京菊儿胡同居民的生活方式，然后才开始设计和建设。虽然这些分析没有使用"认同"这个术语，也没有对他们把握城市更新政策所及群体特征的方式理论化，但是，事实上，认同这些社会群体在他们街区的位置正是他们曾经做过的事情。另外，注意这些群体可能采用的交往形式也是波士顿和北京案例的一大特征。在两个案例中，城市更新以后，原来居住在那里的居民是否还留在那里，如果不是这样，他们在新的居住地会面临什么样的情况，这些问题都是实行重新分配规划的措施时需要考虑的基本问题（或者说，这些措施应当怎样，甘斯和吴良镛所思考的城市更新规则）。在两个案例中，居民之间的相互交往形式都在城市更新开始之前得到了研究，他们相信，如果这些相互交往的模式能够在城市更新项目完成后得以延续，才有可能实现公正。总而言之，城市更新要求重新分配，即重新分配的结果能够改变原居民的生活，而不是把他们边缘化，就必须把认同和交往看作是重新分配的内在因素。在以下的两个例子中，我们将详细探讨重新分配政策与认同和邂逅的关系。

重新分配和认同：为在职妇女编制的地方幼儿园规划

提供地方托儿服务是重新分配性规划的一种形式，建立地方幼儿园旨在帮助那些有学龄前儿童的妈妈们重新回到就业大军中去。通过地方居民获得儿童关照服务的机会，使男人和女人有可能平等地参与到劳动力队伍中去，可以改善性别平等的水平。在采用大家族形式的社会里，可能依然认为妇女在家照看孩子和老人是天经地义的事，但是，在那些关照儿童和老人已经不再是大家族自身事务的社会和城市里，流行社会提供托儿服务。在那些采用核心家庭结构的社会和城市里，核心家庭也不再具有男人主外妇女主内的统一特征，在那里同样时兴由社会提供托儿服务。

许多西方国家的政府必须面对这种"关照危机"。在核心家庭中，由妇女承担没有收入的家务。过去几十年以来，这种情况正在发生巨大的变化（马洪，2005）。对所有父母有效，普遍实行儿童关照制度，儿童关照费用可以承受，父母亲可以参与到儿童关照设施的管理，在满足这些条件的地方，旨在增加性别平等的重新分配，能够通过安排儿童关照设施，增加那里妇女获得平等的机会（马洪，2002，p. 5）。

国家或州政府一般都负责儿童关照中心的主要建设资金，负责编制儿童关照标准的规则，负责提供使用儿童关照系统的补贴或税务优惠。以上这些相关政策不仅可以得到性别平等讨论的支持，也能得到其他一些舆论及其社会政策的支持，如国家的经济政策（如果有了适当儿童关照设施，生育之后的妇女便可以重新回到工作场所），又如人口政策（适当儿童关照设施可以影响到育龄妇女做出决策，她们是否生育更多的孩子，因此可能影响到国家未来的人口状况，从而提高整个社会承担老年人口的能力）。

不同国家在儿童关照设施的安排上存在一定的差异，因此，儿童关照设施的分布状态也不一样。马洪（2002，pp. 6 - 7）提出了一种对儿童关照社会服务的分类，他把 13 个国家的儿童关照社会服务制度分成"自由的"、"保守的"和"社会民主的"。他认为，澳大利亚、英国、加拿大和美国的儿童关照社会服务制度属于"自由的"，社会对儿童关照社会服务的支持是通过减税或直接偿付的方式实施的，对于极端困难者或低收入家庭，再增加额外的补贴。对儿童的社会关照已经成为那里的一种社会规范。这种制度依赖于支持儿童照看社会服务的市场。这种制度在获得儿童关照社会服务的人之间引起了不公正，因为那些高收入家庭可以偿付高质量、服务规则的幼儿园，而另外一些偿付不起这笔费用的低收入家庭，只能让儿童进入那些不规则的或非正式的幼儿园。无论是正式的还是非正式的幼儿园，工作人员的工资一般都比较低。一些国家把获得政府对儿童关照补贴与强制妇女返回劳动大军联系起来，这些国家的确把政府对儿童关照的补贴发放给了低收入或单亲家庭，而附带条件是要求她们重新参加工作。按照马洪（2002）的分类，采用"保守的"儿童关照社会服务制度的国家，如比利时、法国、意大利和日本，依然主张妇女在家照看儿童，当然，那里也有高质量的、国家支持的、非全日制的学前教育机构。除了参加学前教育外，采用保守的儿童关照制度的国家不允许妇女在没有替代她们照看儿童的情况下参加工作，所以，这些国家的儿童关照社会服务不发达。采用"社会民主的"儿童关照社会服务制度的国家，普遍实行社会关照儿童，政府建设儿童关照设施，并提供全部运营资金。丹麦和瑞典就是实施这种制度的国家。在这两个国家，儿童关照设施被认为是一种社会设施，它支撑着劳动力市场，推进性别平等（马洪，2002，p.7）。在20世纪中叶，在提供儿童关照社会服务方面，欧洲不同国家在不同程度上发生着变化，从妇女在家照看儿童的"战后梦"，到20世纪60年代后期，认同性别平等的重要性（詹森和希登，2001a，pp.243-247）。然而，与此种变化相伴随的是，政府日益关心如何减少儿童关照社会服务的开支，如何提供比较便宜的儿童关照社会服务，如何把这些服务转交给地方政府（詹森和希登，2001a，p.255）。与此相反，自1997年以来，加拿大的魁北克省实施了新的家庭政策，包括面对所有家庭的"教育性"儿童关照社会服务，参与家庭只需每日支付5加元即可（詹森，2002）。在此之前，自20世纪70年代末，魁北克实施的是"自由的"和市场导向的儿童关照制度，直到现在，加拿大其他省依然沿用这种"自由的"和市场导向的儿童关照制度。

所以，提供儿童关照社会服务是一个需要国家层次关注的问题，是一个经济和人口政策问题，而不仅仅是城市的、区域的或规划的问题。当然，儿童关照社会服务也是一个基本的地方问题，要求规划出的儿童关照设施可以让妇女使用，妇女们因为时间和空间条件的约束而忙着上下班和接送儿童。女权主义者地理学家曾经详细描述了20世纪最后几十年美国西部城市妇女的生活特征，证明了儿童关照服务设施在空间和地方布局方面的复杂性和重要性（参见，罗斯，1984）。虽然儿童关照社会服务研究重点是放在国家或州/省层次上，但是，政策分析人士还是认识到，儿童关照服务的细节，有效的规则，提供这类服务的形式，对增加平等或加深不平等方面的可能影响，都是需要关注的问题（詹森和希登，2002b，p. 5）。国家的政策最终还是通过地方来执行的。在一些情况下，一些大城市在提供儿童关照社会服务上采用了不同于国家层次的方向，尽管他们存在难以维系的困难，但是，一般都是比较慷慨的（马洪，2005）。照料儿童的地方"文化"同样也影响着地方提供儿童关照的方式和地方财政支出的力度（艾特肯，2000）。

我们可以从"地方国家"的角度来看待儿童关照社会服务。"地方国家"集合了政府部门、被选举出来的官员，影响政府决策和与政府一道工作的社会活动和自愿团体，实际上，它规划和管理着城市的儿童关照社会服务。芒茨（2003）把我们的注意力转移到实践中的国家理论上，认为儿童关照社会服务是一个日常社会实践的场所。寻求从根本上改善性别平等城市决策者和规划师会发现，儿童关照社会服务正是他们贯彻他们的思想和做出选择的地方。当然，较高层次政府的政策会影响地方政府究竟可以做到多少。不过地方上总会存在多种选择，通过重新分配，让儿童关照社会服务更为有效，支持妇女（也包括男人）把照顾儿童和参加工作结合起来。

20 世纪 80 年代，墨尔本郊区提供儿童关照社会服务的各种机会的案例，可以用来说明地方决策和规划的重要性（芬彻，1991；1996）。在 20 世纪 80 年代初的澳大利亚，建设新幼儿园的资金由联邦政府和州政府分摊，联邦政府提供后续资金。但是，到了 20 世纪 80 年代末，这种对幼儿园的投资政策已经淡出。联邦政府鼓励扩大家庭对儿童的照看，照看者就在家里看护孩子。这样，联邦政府建设儿童关照中心的投资和对幼儿园工作人员的工资补贴都大幅衰减。过去因为有政府的补贴，可以雇用有资格的幼儿园教师，而在此之后，政府补贴削减，剩余补贴也要根据他们照看的儿童数目决定。在以墨尔本为首府的维多利亚州，州政府长期以来都有幼儿园建设标准，在 20 世纪 80 年代末，这个州政府还为私人幼儿园建立了工作人员标准。联邦政府不给私人幼儿园提供任何补贴，所以，它们也不需要满足联邦政府指南的要求。

在 20 世纪 80 年代，虽然澳大利亚联邦政府和州政府共同对儿童关照社会服务承担主要责任，通过它们的政策管理幼儿园，但是，地方政府以自己独特的方式在应对国家层次的目标和压力。地方政府根据自己的实际情况，可以在同一个时期在自己的行政辖区内，提供不同水平的儿童关照社会服务，他们也能够采用不同的角度看待，儿童关照服务对于帮助父母去参加工作是否是适当的，妇女是否应当留在家里承担育儿责任。他们在如何构成地方平等的决策规则方面也有所不同。应当注意到，在那个时期，每一个市政当局都扩大了儿童关照社会服务的供应，以满足要参加工作的父母的需要，特别是要参加工作的妇女的需要。大部分享受这一社会服务的人似乎都乐于选择公立幼儿园。但是，地方政府认为，满足"儿童关照社会服务的需要"是首位的。他们如何满足这种需要呢？在整个 20 世纪 80 年代，因为有可能获得财政支持来建设新的幼儿园，所以，他们或者向上级政府申请财政资金建设幼儿园，或者不申请。这些行动决定了他们可以提供多少幼儿园位置，幼儿园在整个行政辖区内部和外部的分布。地方政府负责儿童关照项目的规划师（或负责社区服务的规划师）也参与地方提供这类服务的决策。在公共财政支持的幼儿园中，这类服务的质量决定了在多大程度上超出最低标准，如有证书和无证书工作人员的比例，专项人员的数目，如厨师、水电工、除英语之外的可以使用其他语言的工作人员。另外，市政当局能够在幼儿园建立之后继续在管理上扮演一定的角色，也能够在建设工程完成之后，把幼儿园交给中心负责人和家长委员会去管理。对于那些家庭幼儿园，市政府负责提供对看护人员的培训，以保证儿童看护人员的服务质量。这些看护人员可能是市政府的雇员或私人合同者，他们享有市政府雇员的福利。

在 20 世纪 80 年代前半期，按照澳大利亚联邦政府的规划，联邦政府负责提供幼儿园的建设资金，但是，有的市政府，如相对富裕居民聚集的老郊区坎贝威尔，没有多少地方动力去争取资金建设幼儿园；而有的市政府，如相对贫穷的工人阶级聚集的郊区桑夏恩，多年一直持续争取资金建设幼儿园。从 20 世纪 70 年代早期至 80 年代的 20 年间，一共建设了 11 个幼儿园，其中 6 个是当地规划师从联邦政府那里力争资金而建设起来的，另外 5 个则是首先由地方社区居民提议，再由市政府规划师帮助从联邦政府获得资金建设起来的。同一个时期，在 1983 年以前，坎贝威尔建立了一个幼儿园，20 世纪 80 年代中期，又建设了 3 个幼儿园。实际上，坎贝威尔市政府自己本身从来就没有向联邦政府提交申请，这些建设幼儿园的资金是社会团体直接同联邦政府协商获得的，没有得到坎贝威尔市政府的帮助。

这两个郊区不同的结果反映出地方政府在他们辖区内的社会关系。在桑夏恩，选举产生的议员和市政府社区服务规划师通过有关建设幼儿园的咨询会议，听取了地方参加工作的父母的情况，反映了他们的要求。在坎贝威尔，尽管地方社会团体反映了地方居民对儿童关照服务的需要，市政府通过咨询了解到了地方居民对幼儿园的需要，并对此有过详细的记录，但是，这些意见，特别是地方上那些因为照看孩子而留在家里的妇女的意见，都没有得到市政府的重视（芬彻，1991，p. 369）。

在减少政府开支成为澳大利亚政府的主导思想之后，那些拥有训练有素和中产阶级居民的地方可能正是那些拥有比较好的儿童关照社会服务的地方。那里的居民中有一批社会志愿者，他们有能力与政府协商，监督幼儿园的建设，也有能力监督幼儿园的日常运行开支，管理幼儿园的运行。加拿大也有类似情况。在 20 世纪 80 年代的蒙特利尔：谈论那时实施的"幼儿园更新"未免有些夸大其辞，我们必须承认，在强调幼儿园建设和运行的"自愿原则"和强调伴随幼儿园建设而产生的地方荣誉感的同时，开支体制所带来的还是偏向白领就业者（罗斯，1993，p. 205）。对于安大略省来讲，20世纪90年代早期实行的儿童关照社会服务责任分散化倾向，空间不平等便浮现出来，地方政府的主动性变得非常重要。能够比较好地获得儿童关照社会服务的地区通常都是白领阶层占据劳动力比例较高的地区，因为那里的人们有着丰富的行政管理经验，足够建立和管理儿童关照社会服务，适应儿童关照社会服务分散化制度的要求。另一方面，幼儿园的供应与劳动力进入劳动力大军的程度是负相关的，因为这些育龄夫妇没有时间组织建立和参与这种政府主张的分散化管理的儿童关照社会服务（斯科，1996，p. 74）。

现在，一个国家或一个地区，地方儿童关照社会服务呈现多样性。甚至那些从上一层次政府获得资金的地方，需要满足资金提供者要求的结果和日常运行方式，同样也在儿童关照社会服务方面存在变数。从地方自身利益而言，究竟采用何种儿童关照服务并非十分重要。说明这一点的理由是，地方上的儿童关照社会服务规划决策者可以根据他们自身的社会服务供应能力，与提供这种社会服务相关的社会关系，来做出自己的选择。当然，这种选择受到地方财政状况和政治倾向的约束：即使提供面向全社会的高标准儿童关照社会服务是州和国家政策的基本目标，实际上，很少有几个市政府能够使用它们的公共财政资金，提供面向全社会的高标准儿童关照社会服务。但是，有可能在认同劳动妇女的需要时把它置于优先发展的项目中，重新调配资源，为儿童提供适当的社会服务，以支持他们的父母。也有可能在选举产生出来的议员、负责设计和提供儿童关照社会服务的政府工作人员和社区成员之间（如社会团体、咨询论坛或志愿者），建立起卓有成效的工作关系。承认地方劳动妇女（父母亲和儿童本身）的利益（包括听取他们的意见），这一点在20世纪80年代的坎贝威尔显然没有做到。在把儿童关照社会服务的工作寄托在增加志愿人员的基础上时，地方社会服务规划师的任务就会变得困难起来，当政府呼吁注意儿童关照服务的道德问题时，志愿者会抱怨社会对他们缺少信任（芬彻，1996）。

地方上的规划师和决策者处在这种困难和复杂情形的夹缝中。儿童关照政策和服务是重新分配性的，它只是针对一种利益群体，而不是所有利益群体，有时甚至是在无意之中发生的，它所带来的好处随空间位置和社会状况而变化。如果我们考虑到了重新分配问题，那么，在做这类规划时，首先需要注意的是，什么利益集团可以从儿童关照社会服务中受益，什么利益集团可以因为提供这种服务而受益。即便高一层次的政府是按照地方平等的决策规则把资金分配到地方上的，我们也要考虑谁是受益者。认同儿童关照社会服务对承担育儿责任的劳动妇女的特殊意义，意味着在任何情况下儿童关照服务都伴随着性别平等。对性别平等的特殊关注可以保证，在提供儿童关照社会服务的同时，会卓有成效地规划和实现地方平等的重新分配目标，否则事倍功半。

现在，澳大利亚的儿童关照社会服务的情况已经发生了变化，趋向于分散化。自 20 世纪 90 年代以来，联邦政府的政策是，直接把儿童关照的费用发放给有儿童的父母，而不再直接补贴幼儿园。在整个 20 世纪 90 年代，只有放学后的儿童中心和以盈利为目的的私人幼儿园得到了稳定发展（布伦南，2002，p. 104）。在保守的联邦政府领导下，儿童关照社会服务向市场化方向的调整仍在继续。这种变化以自由党政府保守的家庭政策为背景，强调妇女在家里照看儿童的重要性，减少政府用于建设幼儿园的财政投入。这样一种转变扩大了性别差异，许多低收入家庭没有能力承担托儿费用，以致减少了这些妇女重新进入劳动力市场的机会（布伦南，2002）。社区团体提出了减少日益增长的以盈利为目的的幼儿园。例如，2006 年，墨尔本一个新的非营利组织与 10 个地方议会讨论了建立新的非营利性质的幼儿园的可行性，希望得到地方政府在发展项目和管理方面给予他们支持（高，2006）。但是，世界上最大的幼儿园运营公司"学习 ABC"制定了在 2006 年底前在澳大利亚和新西兰建立起 930 个幼儿园的目标，还寻求进入美国市场，这个公司计划投入 1.4 亿澳元购买已经拥有 106 个儿童中心的"儿童园地"公司的业务（法鲁克，2006，p. 2）。对于火爆起来的以盈利为目的的幼儿园产业中，强调了幼儿园的教育性质，而不是因为幼儿园的运行所带来的性别平等。这个产业因为联邦政府发放给儿童家长的育儿补贴而红火起来。地方政府发现，没有来自联邦政府或州政府的财政支持，他们很难建立和维持幼儿园。在这种情况下，私人部门就得到了他们希望得到的幼儿园建设场地。一些研究对以盈利为目的的幼儿园的质量提出异议，因为，他们为了减少开支，降低了对幼儿教师的要求，以致训练有素的工作人员在数量上也减少了（参见多尔蒂对加拿大的相关案例的研究，2002）。

　　加拿大是另一个在儿童关照社会服务方面采取"自由主义"方式的国家。从某些方面看，最近这些年以来，它在这方面的变化更大一些。正如我们已经提到，1997年，魁北克省开始执行一项家庭政策，包括一项指导性的儿童关照项目，给需要照顾儿童的家庭发放一笔数额不大的儿童照看费。除此之外，一项对全国儿童关照形式的非正式评估指出，尽管已经有了改善全国儿童福利的综合战略的基本原则，但是，目前的现实是，只有一个针对非常贫穷家庭的收入支持和补贴。而有双收入的绝大多数家庭需要购买他们可以承担的儿童关照服务，几乎得不到"儿童照看开支减税"的好处（马洪，2002，p. 210）。如同墨尔本一样，地方居民在整个都市区范围内还是有一些选择机会的，如多伦多都市区（马洪，2005）。20世纪60年代和70年代，选举产生的官员、儿童关照政策的制定者与多伦多都市区政府以及都市区各市政府，社会活动分子和有影响的非政府组织，共同开发了一种儿童关照社会服务的民主模式。这种模式与国家和省以后几十年发展起来的模式相比，应当是一个另类：

　　　　多伦多模式的出现并非一日之功。从20世纪70年代中期起，多伦多就开始从实质上扩大政府补贴的幼儿园空间，维持一个较之于安大略省法律规定要高的质量标准。由于CAP（加拿大援助计划）和安大略省把补贴限制在"需要"补贴的范围内，所以，多伦多都市区政府在对上级政府政策的解释中，尽量覆盖更多的有资格获得财政援助的人。除开这种补贴限制外，获得儿童关照服务还采用了"先来后到"的原则。多伦多市甚至采用了更为平均的方式。这样，受到青睐的非营利的儿童关照模式得以建立起来。这个城市还首先推行了日托奖励，使人们能够承担得起儿童关照服务费用，当然，这笔费用不能覆盖幼儿园工作人员的工资和幼儿园设施的维护和建设（马洪，2005，p. 347）。

到了20世纪80年代末期，国家和省政府减少了儿童关照财政支出，要求多伦多把它的儿童关照社会服务集中到贫穷人口身上，放弃它的"先来后到"的原则。在一段时间里，都市区政府继续坚持它的儿童关照社会服务的供应模式，用自有资金填补国家和省政府财政支持减少后留下的空白。但是，在20世纪90年代早期的经济危机和萧条之后，国家和省政府减少财政预算，以及其他一些经济变化，地方政府已经不能够继续维持它对儿童关照社会服务的补贴了。保守的省政府坚持，从事社会福利工作的幼儿园首先得到补贴，所提供的补贴仅仅能够让幼儿园雇佣低工资工作人员和维持比较低水平的托儿条件。多伦多的儿童关照体制是一种妥协的产物（马洪，2005，p. 349）。正如澳大利亚那样，与加拿大保守的国家和省政府的出现，儿童关照社会服务政策也发生了变化，同时，也从意识形态上向家庭和妇女在家照看儿童的方向转化，改变了社会照看儿童的规范。

从墨尔本和多伦多的案例中，在有关地方儿童关照政策和规划方面，我们可以得到什么样的经验呢？首先，高质量的公立幼儿园更加依赖高层次政府的财政支持，地方政府所提供的财政支持居于第二位。当国家和州层次政府的政策发生变化时，通常是围绕妇女权利问题的政策发生变化，地方政府的儿童关照规划需要与高层次政府进行协商，也要与地方支持者和居民协商，保证地方获得最好的结果。第二个经验是，为了扩大公立儿童关照服务，需要有远见的创新。桑夏恩和多伦多的案例说明了这类创新怎样可以带来成功，相反，坎贝威尔则说明了，没有远见的地方政府必会产生近忧的结果。

第三个经验是，儿童关照规划方面的重新分配要求找到一组规划的价值，并为之而努力。这一点对城市更新一样重要。所有的儿童关照形式和提供给儿童关照社会服务资金的形式，都是有差异的。有证据表明，以盈利为目的私人机构所能提供的儿童关照社会服务的质量要低于公立的或非营利机构支持的儿童关照社会服务（多尔蒂，2002）。在这些私立的幼儿园中，不太可能在其核心价值体系中找到性别平等的价值观，它们不太可能承认和尊重妇女对这些幼儿园的重要性。澳大利亚的"学习 ABC"就是一例，他们把"学习"作为出售他们服务的卖点。如果一种特殊形式的儿童关照服务可以给地方上的家长、儿童以及劳动妇女带来比别的形式更好的结果，那么，规划师需要发现它，并把它确定为地方范例加以推广。

从以上对儿童关照政策的简要历史回顾中，我们也可以看到不同形式的重新分配政策。在澳大利亚和加拿大的案例中，高层次政府和地方政府所承诺的普遍的和公共财政支撑的儿童关照社会服务已经被"自由的"儿童关照社会服务所替代，这个"自由的"模式承诺，把儿童关照社会服务的好处送给那些在社会福利项目中登记的弱势个人。两种形式都是重新分配的，但是，形成和支撑它们的原则是十分不同的，结果也不同。对于"自由的"模式来讲，它从儿童关照福利领取者中分离出一群弱势者，也可能玷污幼儿园，因为它们仅仅用来供福利领取者使用。所以，这种模式可能会受到批判。在美国，人们已经注意到一定的服务与一定弱势群体之间的相关性，特别是用种族和阶层来看待这种联系时，这是因为缺少普遍的儿童关照社会服务所致（米歇尔，1999，p.237）。这种普遍的服务方式通过儿童关照所实施重新分配也会受到批判，特别是来自政府的批判，因为它是极端昂贵的。在制定地方儿童关照社会服务规划时，我们必须对此作出选择，究竟哪一种方式是有价值的，值得我们推行。

在加拿大和澳大利亚，地方居民不能平等获得儿童关照社会服务，是日益增长的趋势。这是一个关键的重新分配问题。正如以上所指出的那样，规划儿童关照社会服务要求我们明确制定这种规划的理由，以便抵消日益增加的不平等。在设计重新分配战略以求变革中，承认一些具有特殊利益的群体正在被遗忘是至关重要的。

重新分配和邂逅：出院的精神疾患病人

过去半个世纪，政府，特别是讲英语的发达国家政府，积极推行关闭一些精神疾患病人曾经居住和工作过的精神疾患医疗机构，把精神残疾人遣散到"社区"去，交给各式各样的社区网络去照料的战略，因此，旨在改善精神疾患病人生活的规划，一直是政府的重要决策之一（格里森，1999，p. 155）。这就是去机构化，即走出医院。一般来讲，精神疾患病人即是存在精神疾患的人，有时，他们表现为智力残缺。在许多城市，离开精神病院的人们都是不住院的精神病人。去机构化是一种通过社会混合实现重新分配的政策。这项政策认为精神病院所能提供的照看并不适当，它们仅仅支持了一种极端弱势的群体，以此为基础，这项政策的目标是改善精神疾患病人的生活，它要求把资源转向实现这一目标的特殊方式上。（尽管如此设想，现实表明，去机构化决策的结果并不理想。以下我们会对此加以说明）。另外，在去机构化的理论基础中，"邂逅"具有核心价值，因为这种理论认为，生活在各式各样的人中间比生活在"相同的"人中间要好。

50 年前，一组特殊因素决定了去机构化。尽管精神病院的质量变化各异，但是，它们的治疗形式和清苦的生活条件还是日益遭到批判。新药物已经可以让精神疾患病人离开医院继续做院外治疗，这样，他们就可以生活在医院或专门的精神病院外。一些社会活动分子认为，这些病人离开医院，生活在社区里，定时到医院或社区诊所去接受治疗，可以改善这些精神疾患病人的人权状况。同时，当高层次的政府做出关闭精神病院和遣散病人的决策时，它便面临费用问题。关闭精神病院可以节约开支，走出这类医疗看护机构的人们生活在社区里，志愿者可能成为支持这些精神疾患病人的一部分。高层次的政府当然希望照看这些生活在地方社区里的精神疾患病人的责任也能去机构化。正如迪尔和沃尔奇（1987，p. 17）在他们对美国和加拿大情况的分析中所说的那样，"自由主义的关切、治疗原则、化学药物的优势、政治和资金缺一不可地走到一起，形成一个联盟，共同应对走出精神疾患治疗机构的人们所面临的问题"。

　　重要的是，关闭精神病院和遣散精神疾患者的结果如何，受到地方城市社区可以提供给这些精神疾患病人的生活条件，以及城镇住宅和接近社会服务的规划的影响。许多精神病院都是建立在小城镇里，远离大城市。早期的医疗原则是，在乡村地区建立这类机构，以便隔离病人，让他们有一个安静的环境。到了20世纪中叶，随着城市的增长，这些原先的乡村地区成为了城市郊区。关闭这些精神病院，那里的精神疾患者被遣散到了大城市，因为那里有比较便宜的住宅，也易于接近医疗服务设施。但是，在许多社区，建立供这些走出医疗看护机构的病人使用的社区设施，经济适用房或者用于门诊的医疗设施，都遭到了当地居民的反对。根据规划修建的社区设施的性质和住在那里的居民，一些地方的居民发出了"不要修在我的后院里"的呼声，正如有关这个论题的大量文献，特别是迪尔和泰勒（1982）所提供的资料那样，那些可能要接受这些精神疾患病人的社区的居民们表现出各种各样的焦虑，担心那些依赖特殊服务的精神疾患病人会影响到他们的生活方式和房地产价值。地方政府规划决策引起地方社区产生焦虑的一个主要理由是，缺少用社区关照替代医疗看护机构关照的成功案例（同时还有政府开支削减和行政区划变更等理由）（格里森，1999，p. 156ff.）。在这个背景下，走出医疗看护机构的人们被送到了正在衰退的内城地区，因为那里没有多少社区活动分子，住宅也比较便宜；柜台式的服务，都可以支持他们在那里落脚。但是，随着中产阶级回归内城地区，导致那里的住宅昂贵起来，实际上，那里原先的住宅是很便宜的，甚至有人例如，迪尔和沃尔奇，（1987，p. 28）称之为"没有围墙的避难所"。

社会中的多种人士影响着去机构化的结果（迪尔和沃尔奇，1987）。列举出他们是为了强调在决定去机构化的结果是重新分配的方面，城市政策和城市规划专业工作人员扮演重要角色。当然，对于高层政府而言，处理医疗健康问题和对医疗健康机构提供财政支持常常就是有关重新分配的决策（同样，城市的幼儿园规划似乎不是地方的问题，然而，正如我们在前一节论述过的那样，它对于地方政策和地方规划都是极端重要的）。在迪尔和沃尔奇（1987）的著作中，给走出精神病医疗机构的精神疾患者提供服务的专业人士就是对去机构化结果产生影响的一种人。他们提出了一种十分具有影响力的命题，与医疗看护机构外那些正常生活的人们发生相互作用是社会公正的。一些从事残障人事业的社会活动分子也同意这种观点。这是一种有关希望重新分配的表达。在这个背景下的第二组人士是那些离开了医疗看护机构的精神疾患病人，他们生活在他们能够生活下去的地方。第三组人士是社区居民，他们可能选择组织起来，反对精神疾患病人生活在他们的街区。第四组人士就是土地使用规划师，社会服务规划师和运营者，他们必须对现实做出反应，希望以某种方式，给这些精神疾患病人群提供社会公正的结果。在加拿大安大略省的汉密尔顿市，这些人士一起创造了那里20世纪80年代撤销精神病医疗机构后的结果。这座城市的内城地区集中居住了一批离不开医疗服务的精神疾患病人，而在美国加利福尼亚州的圣何塞，这些精神疾患病人分散居住。这些都是迪尔和沃尔奇（1987）著作中的案例。

在汉密尔顿，社会服务设施集中围绕医院建设。这样，一些私人的和营利性的房地产公司把中心商业区附近的一些大型老住宅改造成为公寓，提供给那些依赖医院和相关的医疗社会服务设施的精神疾患病人居住。对于省政府来讲，把这些私人拥有的公寓用来安排离不开医疗社会服务的精神疾患病人居住，比把他们集中到精神病院居住要便宜许多。20 世纪 70 年代，当地居民反对在这个靠近城中心的地区集中改造建设寄宿护理所，同时，也有人提出运营这类供智障病人居住的寄宿护理所需要执照，并对居住条件产生怀疑，于是，新的城市法规严格定义了公寓与寄宿护理所，在空间上对这些寄宿护理所做出了规定。重要的是，这些设施：

> 被规定为，在城市所有居住区和商业区，为"批准了的使用"。确定这一点的原因是，通过这项法律条款，整个城市都接受了寄宿护理所这种形式（尽管这个条款并不体现公正）。原先没有这个"批准了的使用"条款时，常常需要提交规划分区变更申请；而这种申请被认为在改变社区反对意见方面具有重要作用（迪尔和沃尔奇，1987，p. 121）。

这个地区逐步发展成为依赖医疗服务人员的集中居住区（大部分居民原先都是住院病人），而寄宿护理所运营者把他们的医疗设施也安装在那里，以接近病人和相关服务。这条新的法规似乎在 20 世纪 80 年代平息了社区的反对风潮。可以承受的（私人的）寄宿护理所的有效供应，把这些设施以法律形式规定为"批准了的使用"。从而出现了汉密尔顿市的这种特殊地区。

与此相反，加州的圣何塞市是 20 世纪 80 年代拆除那些依赖医疗服务病人集中居住区的一个案例。在 20 世纪 70 年代一家大医院关闭之后，这个靠近市中心的地区曾经成为许多遣散病人的居住地，"寄宿和护理设施用来安排出狱的人、解除毒瘾的人、酗酒者、接受工作训练的青年人和少年劳教人员，同时，那里还集中居住了 1000 多个出院的精神病人。这个地区在市中心附近，靠近圣何塞州立大学"（迪尔和沃尔奇，1987，p. 143）。如同汉密尔顿一样，私人房地产商把这些住宅改造成为寄宿护理所，他们发现这样做比租赁给大学生更为可靠（p. 145）。同时，围绕这个核心区的郊区市政府都不同意私人或公共机构给老人、被释放的犯人、精神病患者提供居住。这些市政府通过分区规划，禁止这类使用，或者要求获得批准（p. 145）。在整个 20 世纪 70 年代，这个内城地区日益增长，有人抱怨这个地区成为了别的地区不接受人员的聚集场所；到了 20 世纪 80 年代早期，这个区域的发展提出了内城住宅更新问题，并编制了城市更新规划。所以，不再允许安排需要寄宿护理的人员，很短时间内，那里的住宅价值迅速上涨，寄宿护理所和它们的寄宿者都消失了（p. 149）。这些居民被疏散，可以供他们使用社区服务设施衰减，当时最普遍的做法是把他们转移到不适当的社会机构中去，如监狱。地方政府的行动对产生这个结果是十分关键的，实际上，在这个地区的衰退和发展不适合于依赖医疗服务人群的服务模式上，土地使用规划师可能起到了推波助澜的作用（迪尔和沃尔奇，1987，p. 168）。

　　在新西兰的奥克兰，医疗和福利政策、住宅市场和规划法规交叉变化的重要性已经引起了人们的注意。在 20 世纪 90 年代，原先在内城地区的那些集中了需要医疗服务居民的地区被分解了（卡恩斯和约瑟夫，2000）。20 世纪 90 年代后期，在整个医疗开支中，精神卫生的比例大大下降，政府推行发展社区医疗设施和去机构化的政策（新西兰实行这类政策是比较晚的）。在规划政策方面，社区住宅在奥克兰地区被划分为无条件使用类，不再要求批准（如同汉密尔顿一样）。这样就阻止了地方居民反对修建院外病人需要的设施。现在，（国家所有的）市场导向的公司管理者公共住宅。奥克兰的私人住宅的价格已经攀升，包括内城地区，那里聚集了一些需要心理治疗的病人（卡恩斯和约瑟夫，2000，p. 162），政府在给这些需要护理服务的病人提供住宅时并没有考虑到房价上涨这个现实。在这个背景下，聚集在那里的一些病人开始疏散，需要依赖看护的病人到郊区去寻找比较便宜的住宅，把钱花在交通上。由于需要服务的病人搬走，这类医疗服务的供应者面临客户减少的困难。在一些郊区，出现了社区反对这类病人进入他们社区的声音（卡恩斯和约瑟夫，2000，p. 166）。

　　出院病人以及其他需要医疗服务的病人得不到适当的社区医

疗条件，有限的政府开支，郊区人焦虑地面对容纳这些贫穷的人群，在这个背景下，出现了若干值得注意的倾向。当然，不同国家和城市，表现形式和程度会有所不同。

　　首先，那些依赖医疗服务人群曾经集中居住的地区住宅费用上涨，从而导致他们向郊区迁徙，而那里又没有他们需要的集中的医疗服务和设施（如奥克兰和圣何塞）。在 20 世纪中叶，医疗看护人员倡导去机构化，按照他们的想象，这种去机构化会在城市地区产生积极和正常的交流，而在实践中，这种邂逅的经历可能并不正常。第二，许多精神疾患病人在离开医疗机构后，成为无家可归者。第三，在一些情况下，作为一种政策选择，重返医疗机构的事情也有发生。20 年前，迪尔和沃尔奇（1987，p. 190）发现，重返医院可能替代社区关照而成为主导政策选择，特别是在美国，那里把一些监狱用来看护精神病患者，他们还在一些大都市区的乡村里建设起巨大的避难所，收容流浪者。在英国，十年或不到十年的时间，因为社区医疗服务不能达到要求，精神病人的暴力行为给社区居民带来巨大的风险，有些报告声称"监禁"正在成为一个值得考虑的有关精神健康政策的基本纲领（穆恩，2000）。这种情形的核心是，邂逅是社区看护不能解决的"问题"，走出精神病院的病人可以出现在人们的视线中，可以与正常人相互交流，这些都是主张去机构化的人们希望看到的结果，他们认为这有利于精神疾患病人的心理健康，然而，现实并非完全如此。监禁当然会减少邂逅，我们也不会再看到精神病患者。第四，对于那些依赖医疗服务为生的病人来讲，即使他们仍然居住在城市中心，那里集中了他们需要的医疗服务，因为城市里出现了快餐店或活动中心，他们处在他们需要的服务和与他们无关的服务之间，他们的生活被永远地"搅乱"了。例如，在加拿大蒙特利尔，快餐店，还有由慈善机构开办的活动中心，对出院的精神疾患病人日常生活的影响比起人们认为的"正规的"社区关照设施要大（诺尔斯，2000）。按照美国现行城市管理规定，出院的精神病患者的行为可能导致他们重新回到精神病院里，这样，他们只能消失在公众的视线中，如同在精神病院里一样。实际上，他们返回的并非真正意义上的精神病院，没有治疗设备，不过是短期收容，似一种对街头流浪汉的管理办法（德韦尔，2003）。

人们已经做了多方面的努力，我们也讨论了大部分可以在未来实施的相关政策，但是，现实依然不尽如人意。20 年前，迪尔和沃尔奇（1987）就美国状况，详细提出一组规划原则，旨在使用"公平分享"的方式，在城市地区建立社区医疗看护设施和住宅。这是一种有关社区间公平分配资源的决策规则。迪尔和沃尔奇承认，那些依赖医疗设施为生的人们集中在城市中心地区，已经得到了正式或非正式的医疗服务，而且这样给他们提供服务在经济上比较有效率。然而，他们发现，这些依赖医疗设施和服务为生的人们散布到四处去居住。比起集中居住在"没有院墙的避难所"里，更为公平。所以，在迪尔和沃尔奇看来，需要通过规划，让这些出院的病人感到地方气氛的热情，而很少遭到当地居民的白眼。他们的规划方式包括，为社区医疗服务设施建立"正确的"分区规划法令，同时，社区服务部门和建筑评审部门一起把这些设施很好地集合在一起。重要的是，区域规模的规划将在行政区划范围内合理布置这类设施和需要使用这些服务的病人，建立一个论坛，讨论这些问题（p. 229）。当然，这将要求规划师和足够多的社区成员了解这类医疗服务的情况，了解在多个地方建立适当标准和水平服务设施的有效基金来源，还要求区域规划机构十分了解地方状况。

最近，格里森和卡恩斯（2001）提出，在这个问题上，需要重新审视住院治疗完全坏、社区关照完全好的"道德二元论"的看法。在一定情况下，可以同时安排两类医疗服务，积极的社会和城市政策应当能够综合和组织这种安排。究竟什么可以给这些弱势群体带来适当的生活，给他们提供适当的医疗服务，对于这些问题，我们的思维要开阔一些。正因为许多人已经感到他们不能提出任何其他的医疗看护方案了，所以"道德二元论"的看法才有了市场。如果他们要求保留某种形式的精神病医疗机构，那么，认为关闭精神病院和遣散精神疾患者的去机构化是唯一"好的"医疗看护形式的人们会拿出过去那些精神病院医疗看护不当的例子，嘲笑他们。如果他们主张对这些精神疾患者采用社区医疗看护的形式，他们不能够解释，把医疗设施和服务集中到某个社区与过去那些集中医疗机构的形式有什么区别。这样，"其他的道德模式"即"改革的医疗机构"、服务枢纽、"村"，都没有政治基础，因为它们都是"令人沮丧"的（格里森和卡恩斯，2001，p. 72）。多伦多的案例研究（莱蒙和莱蒙，2003）倡导，避免"只见树木不见森林"的思维片面性，反对"一刀切"的思维方式，采用这种思维模式的人们认为，唯一适用于这些精神疾患者的是，政府和其他社会组织对这些精神疾患病人提供一对一的帮助。许多社区和家族组织已经证明多种政府支持的革新项目的成功。这些项目常常由家长领导和组织，会同政府和社区组织共同进行。实施的项目表明，了解智障个人的特征、好恶和资格，对于关照看护他们比较好。这并不意味着返回到精神疾患专业看护人士在20 世纪 50 年代批判过的那种精神病院。重新分配的规划必须鼓励多种形式的邂逅。究竟采用哪种形式，取决于依赖医疗服务为生的个人和城市的实际状况。

　　如同儿童关照一样，给精神疾患者提供适当关照和去机构化的问题是地方（以及国家和区域）管理的一个主要政策难点。在澳大利亚，2006 年 3 月的一份参议院报告建议，政府增加精神病医疗的开支，而过去一个很长时期里，这项工作被忽视了，在此之后，联邦政府宣布，在今后 5 年中，将开支 18 亿澳元，支持地方社区建设寄宿和门诊形式的精神疾患治疗和看护设施，给看心理医生的病患者提供政府补贴，建立 900 人的"个人帮助者"队伍，与精神疾患者一起生活在"社区"里（联邦总理记者招待会发布时代杂志，2006 年 4 月 5 日）。州政府负责解决精神病疾患者的食宿问题。至今还没有人提出，这个问题究竟是地方的，城市的问题，还是更大空间尺度上的问题；这个问题至今依然被看作是一个医疗卫生政策问题。所以，资源来自政府。但是，社区关照的失败告诉我们，如果在人们的日常生活中会发生场所的邂逅，那么，这类与城市法规交织在一起的社会和健康的问题，就是一个至关重要的问题。

小结

通过这一章中提到的三个重新分配规划的案例，城市更新、儿童关照社会服务和对离开精神病院的精神疾患者的关照，我们看到，在改善城市布局的战略中，认同和邂逅怎样以多种方式出现。在规划地方儿童关照社会服务时，需要认同特殊社会群体的声音和需要，参加工作的妇女需要社会帮助她们，承担起照看儿童的职责。在城市更新案例中，需要承认北京旧城居民的特征，他们在社区中的生活方式，他们认为对他们很重要的私密性和公众性的形式，在规划中比较好地照顾到一些人的利益（虽然研究者建议了，但是没有完全得到贯彻）。对于认定的弱势群体，邂逅作为一种规划价值在决定关闭精神病院是明确的，至少对于医疗看护专业人士来讲，邂逅的价值是明确的，而地方城市规划师未必总是认识到邂逅的价值。

这些社会福利问题都是地方和城市的基本问题。尽管我们这里讨论的问题，特别是儿童关照问题，对精神疾患者的适当照看问题，通常是国家层次关注的问题，例如，儿童关照是一个教育问题、或国家生育问题，有时还涉及性别平等问题，病人关照则是一个医疗卫生问题，但是，它们所引起的问题也是城市规划和政策问题。在这些案例中，有一点是清楚的，重新分配的价值，以及认同和邂逅的价值，并不一定是平等的分享，或者那些为了推进政策的执行而对政策所做的相似解释。规划师要求与多种层次政府就这些问题进行协商，而这种协商是以规划师所采用的价值为基础的，这些价值当然是在一定的政治背景下形成的，而他们的规划也是在这个政治背景中得以执行的。只有资源得到落实，才可能达到希望的结果。在这些案例中，我们也看到，如何解释政策"问题"和可能的"解决办法"是十分关键的。

在一些案例中，注意到认同和邂逅的重新分配规划正在变化中，在这些案例中，考虑到多样性的规划已经以可以持续的方式改善了相对弱势群体或社区的状况。就儿童关照而言，墨尔本的桑夏恩市使用地方社区规划师的资源去争取资金，在其他社区开始规划这类中心前，扩大公立和公共管理幼儿园的供应，支持了这个市政辖区内的劳动妇女。地方规划师有着明确的动机去支持劳动妇女，使用他们所处的政治气候，争取到了领先地位。在莱蒙和莱蒙（2003）的案例中，他们描述了加拿大人如何为那些原先住在精神病院中的出院病人提供食宿，这些人的生活和为他们设计的住宿条件的变化是明显的。在这个案例中，志愿者常常是家长，使用他们自己的能力，去争取政府的资金和补贴。这些案例都是地方的，都不大。也许正在这样一个尺度内，我们可以观察到，那些体现出支持公正多样性而实施重新分配价值观念的规划。重新分配的规划承认，资源应当倾向特殊的群体，在这种情况下，邂逅能够起到积极作用。当然，在过去和当代的城市更新案例中，社会混合形式下的邂逅似乎让那些本来具有明确重新分配意义的政策的结果似是而非起来。

第四章

规划中的认同概念

正如我们在第一章中提出的那样，城市具有多样性的特征。在第二章和第三章中，我们提出了解决"城市权"的问题应当包括重新分配的政策，而这种政策会减少某种形式的多样性，如富裕和贫穷的多样性。但是，重新分配并非意味着城市中的所有形式的多样性都会减少。事实上，低估一些城市标志和生活方式的价值，给它们抹黑，都是城市中不公正的基本形式。在以下两章中，我们要讨论这样一个问题，把认同某种形式的多样性作为我们规划城市时的一个基本原则。这里，我们关心两点，认识那些有必要认同的多样性形式，概括出能够实现认同的政治和体制机制。在这一章中，通过考察城市居民之间互为主体关系的性质，特别是探索社会关系在城市中怎样限制和鼓励不同的生活方式，我们把认同看作是城市规划的一个重要的社会逻辑起点。许多规划措施旨在纠正体制性地贬低城市里的某类人及其生活方式。我们的目标是制定一个纲领，以批判地方式评估这些规划措施。

规划和差异政治

因为多种城市社会事务参与者的介入，城市政治学十分流行。这些参与者的诉求各具特色且具体。人们之所以会对各种各样的城市问题发生争议，是因为他们都认为，他们的特殊价值和需要应当在城市发展中得到考虑。妇女主张"没有性侵犯、性虐待、家庭暴力"，给家庭暴力受害者建立适当的设施和给予她们支持；信仰群体对分区规划提出挑战，因为分区规划限制了他们宗教活动的形式；青年群体不满意社会治安方式，因为它们不公正地对待青年人使用公共空间；对性行为持不同看法的群体争取获得

"安全场所"，要求打击反对同性恋者的暴力行为；少数民族协会要求政府通过使用他们民族的语言公布信息，对提供服务的人员进行"文化知识"训练，从而让他们民族的人们能够更好地获得政府提供的服务；体育运动团体鼓动市政府提供公共照明，让公园能够用于傍晚的体育训练；各式各样的诉求不可穷尽。

　　这种性质的政治诉求逐步成为"认同政治"，其基础是一个特殊"社区"或"身份群体"（如妇女、青年人、亚裔英国人等）的需要和价值。认同政治的兴起特别与 20 世纪下半叶出现的"新社会运动"相联系。这些新的社会运动不再提出阶级、分配和生产关系之类的问题，而是倾向于对社会歧视和社会劣势提出挑战。这类社会歧视和社会劣势与低估和蔑视相关群体的特殊身份相互联系。女权主义对社会的重男轻女意识提出挑战，反种族主义运动挑战针对土著和移民的歧视，青年运动对要求青年参加军队服务的规定提出异议，探索"其他的生活方式"。也许，对我们这本书最重要的是，许多这类新的社会运动事实上采用了"城市社会运动"的形式。M·卡斯特勒在他 1983 年的著作《城市和草根》一书中提出，这些城市社会运动对现存的"城市意义"提出挑战。按照他的意见，这些城市社会运动对城市生活应当怎样被适当地加以引导的意识形态基础提出了挑战，这些意识形态被贯彻到了城市形式、城市设计和城市规划中。按照一些人的意见，经济和文化的全球化在当代城市掀起了以身份为基础的政治宣言（卡斯特勒，2003；桑德库克，2003）。不同的人、观念、文化形式、商品和技术的全球运动据说已经产生了新的和重要的城市多样性形式，城市多样性维系着认同政治。

　　当然，城市把具有不同身份和价值的人们聚集在一起，这个观点并非前所未有。事实上，城市化的研究者们长期以来一直关注着多样性。社会学家 G·西梅尔在 20 世纪初就提出过，都市生活不可避免地会随着城市的持续增长使人们疏远起来，城市把陌生的人们聚集在一起，"他们通过亲属、地方和职业建立起联系，而没有组织性的联系"（西梅尔，1950，p.404）。在城市居民或再深入一步的城市规划师和决策者怎样处理他们各自的问题，已经在成为一个新的亟待解决的问题时，多样性的问题至少已经占据城市研究的核心一个世纪了。围绕这个问题所展开的不同思想流派的争论一直是激烈的。

在整个 20 世纪，许多城市生活观察者把文化多样性看作是一种状态，它需要通过分享价值而形成或重新形成的社区来"解决"。影响甚广的芝加哥社会学派提出，城市生活的"差异"特征与早期的小规模村庄和小镇生活形成鲜明的对比，城市生活帮助个人适当地"社会化"。没有这种社会化的机制，城市就成为了分化了的个人的栖息地，他们中间一些人可能做出"反社会的"行动，甚至出现暴力犯罪，使城市的多数人受到威胁（卡茨尔森，1992；布雷恩，1997）。这种对社会化及其与城市人口差异的观点至今还是很有影响的。正如卡茨尔森（1992，pp. 22 - 23）注意到的，对 20 世纪大部分时间而言：

> 差异与秩序对垒构成了城市生活的生动画面……对差异和城市及其空间模式表现的传统分析始终有着极大的吸引力，从一定程度上讲，这似乎是因为它们对社会现实的分析有意义。

例如，有些规划师极力主张建设城市公园和广场。这种主张的基础是，城市公园和广场可以培养一种对公众可以接受的社交和行为形式的欣赏，在这样的空间里，可以鼓励社会的共同规范，复制小规模社区的生活方式。纽约中央公园的设计师 F·L·奥姆斯特德曾经说：

> 任何一个近距离观察来中央公园的游客的人都不怀疑，这个公园明显承担了融合和教化这座城市里最不幸的和最无法无天阶层的功能，引导人们讲礼貌，自我控制和节制（卡森，1978. p. 15）。

最近这些年，"新城市主义"的设计运动为了克服差异，倡导

"分享价值"和"社区"的城市设计和建筑，以克服业已存在的差异。他们推崇的"城市村庄"是以这样的信念为基础，城市开发地区的功能越多，人口密度越高，越能推进社区团结和社会交往。通过城市村庄的社会交往，城市居民能够找回分享的社区价值，而这种社区价值已经在城市中消失了。这种观念在卡茨（1994）的很有影响的著作《新城市主义：迈向社区的建筑》。

但是，这种思路并非没有受到质疑。自从 20 世纪 60 年代和 70 年代以来，受到新社会运动影响的许多学者一直在倡导对城市生活做新的思考，他们并不认为特殊性和差异是需要消除掉。特别是，那种认为城市政策和城市政治的目标应当是形成分享的价值和社区的观念，受到了怀疑，正如 M·伯曼（1986，p. 481）询问的那样：

> 为什么我们应当接受那种把差异蔑视为"不正常"的观念，那种认为差异来自我们每一个人却又不同于我们自己的观念？有关正常的任何观念都是一个规范，都必然存在一个对价值的选择。

对于这些批判，身份群体和社区的诉求应当使我们注意到社会秩序的文化模式，这些文化模式建立起了不同身份群体和与它们相关的品质和生活方式之间的社会分层。实际上，"社区"应当是城市政策和规划的积极目标的观念也是一个秩序模式，它不可避免地会让一些社会群体的价值观念凌驾于其他社会群体价值观念之上。从这种规范性观念引出的好城市的模式会不可避免地导致排除掉那些不能或选择不属于其中的人群，因为他们是"另类"：

> 如果社区是一个积极的规范，即如果我们与他人以相互了解和互惠的方式相处是一个目标的话，那么，我们排除掉或回避了那些我们没有理解或不能发现的人群（杨，1990，p. 235）。

当然，这些社会秩序模式都有一个基本的空间维度。例如，一些群体的人们可能因为他们在一个特殊场所的行为而被排除在外。这里，与这个特定场所相联系的法律或社会规范限制了一些群体的行为，不公正地限制了他们对这座城市的使用。例如，同性恋者指出，大部分公共场所执行的主流异性恋社会规范使同性恋者在街上连手拉手或亲吻面临风险。而异性恋者的相同行为几乎不会引起人们注意，因为这很"正常"，相反，在公共场所的同性恋行为常常会受到骚扰和暴力（道肯，1996）。一些人因为与一个特定场所相联系，所以也被视为另类。例如，一些研究揭示，消极的印象常常与生活在城市特定部分的人们联系起来，例如悉尼的西郊（鲍威尔，1993）或巴黎的近郊（博迪·让德龙，2000）。这种印象会有损于人们的城市生活，包括工作前景，接近城市公共设施和商业空间的能力，警察和社会治安维护者对他们的态度。在从"正常"中剔除出去的"另类"会有某种突出的特征，而在这些特征背后还有看不见的一面，即这些群体的价值和精神，它们也被排斥在政治交流和争论之外（弗雷泽，1997b，p. 198）。

为了克服这些社会秩序模式给城市带来的损害，我们必须找到一种新的方式认识分享城市的不同社会群体的特殊性。城市人口的绝对多样性使得我们不能同意这样的观念，我们能够以"社区"或"全民"的名义，即根据人们的共同价值和好城市的愿景，来制定和执行城市政策和城市政治方略。相反，我们需要"差异政治"，具有不同价值和好城市愿景的群体以平等的身份在一定时间里参与到冲突对话中来。这里，平等并不是平等对待所有人（例如，对妇女和男人一视同仁）的问题，因为他们的差别被忽略了或被抛在一边。正如杨在她颇具影响的著作《公正和差异政治》（1990，p. 47）中所说：

> 社会公正……并不要求消除群体差异，而是要求建立一
> 种机制，促进群体差异的延续和对这种群体差异的无压抑的

尊重。

由各式各样的人组成城市的愿景是努力促进新的社会公正概念的关键，新的社会公正概念产生，又反过来影响，当代反对站在各种群体角度而提出的社会公正概念。这种城市愿景的逻辑起点是，城市里存在各式各样的社会群体或各式各样的公众。这些社会群体并不是那些由具有共同利益的个人形成的"利益群体"或传统多元政治理论中的"协会"，而是"身份群体"。因为具有相似的生活经历或生活方式，"身份群体"的成员相互之间具有认同感（杨，1990，p. 43）。作为特定群体的群体成员并不先于这个群体而存在，他们的身份因为这个群体而出现：

> 个人特殊的历史意义、爱好、特征，甚至个人推理、评估和感觉在一定程度上是由他或她的群体认同感所构成的（杨，1990，p. 45；菲利普，1993，p. 17，他提出了同样的观点）。

这些群体相互之间存在联系，区别它们是因为它们存在差异。有些群体因为面临共同的社会排斥或承受共同的社会压抑成为一类群体（菲利普，1993，p. 17）。当这种社会排斥或压抑存在时，群体间的相互作用可能表现为相互之间的对立，这种对立涉及特定群体的"特定的属性、类型和规范"（杨，1990，p. 46），当采用其他身份的可能性被排除掉时，一些身份可能受到低估或禁止。群体间的对立并不只是好恶的对立，还包括群体构成上的对立和差异本身。

这样，与城市身份政治相联系的对立产生了这样的问题：什么样的身份有资格作为平等一员参与城市生活呢？在一个层次上，这个问题从根本上是在不同身份群体间建立平等的问题。正如我们已经提到过的，这种平等要求经济资源在这些群体间的平等分配。但是，在身份政治中，平等的形式还有另一个维度。当一些群体感到它们各自的身份和存在方式在这座城市中受到了不公正的歧视时，公正就从根本上是一个社会地位问题，公正就有了一个主体间的维度：追求平等包括反对"从体制上轻视某些种类的人和与他们相关的属性，即文化模式"（弗雷泽，1998，p. 31）。

重要概念：认同的确定性模式和认同的关系性模式

城市规划和城市政策怎样能够反对在城市群体间划分层次？有什么样的改良方案可以处理因为社会地位分层而产生的不公正？有关认同文化差异的观点已经成为对身份政治主张的最广泛讨论。但是，适当的认同模式依然还是社会与政治理论中的一个有争议的问题。认同观点提出的关键问题有：什么是被认同的"身份"的性质？谁在认同？什么导致认同？在这个部分，我们要区分两种认同模式：认同的确定性模式和认同的关系性模式。正如我们会看到的那样，这两种模式对身份和认同的理解十分不同。

认同的确定性模式

正如我们在这一章开始时提到的那样，主张认同特殊性常常是以一类人的名义提出来的。例如，对规范的空间安排或规则的批判可能是在这样一个基础上，这些空间安排或空间规则没有考虑到"同性恋者"、"妇女"、"青年人"或"老年人"、"残疾人"或其他社会群体的需要。然而，这些群体究竟确切地需要什么？这些身份群体的成员存在一组共同的需要或利益吗？例如，是否存在一个真正的或实质性的同性恋或青年人的经历，这种经历能够在城市政策和政治中得到比较好地认同？一个称之为身份真实性的模式会提出，至少在这些群体间存在边界，他们有一种共同的利益和经历。这种对身份的理解适合于我们称之为政治认同的确定性模式。不同的身份被看成是属于不同群体的那些人之间已经存在的差异的产物，在这种情况下，认同就成为一个定义、认同或保护群体的特殊性。在这种形式下，认同建立和维持群体间的边界，以便保护这些群体免遭任何社会规范或体制安排的同化，而这类社会规范或体制安排恰恰是要阻止这些群体"成为他们自己"。这里，衡量群体能够"成为他们自己"的能力涉及自身特性的体现方式，自身特性来自一个群体本质和举世无双的一组特征和取向。

与许多有关身份的社会和政治理论一致，我们怀疑身份政治学的本质和确定性的形式，按照这种观念，认同的群体内部是无差异的和本身是自我包含的。事实上，不同身份群体存在内在差异，它们的边界不稳定，并非永恒不变的。任何一个个人都可能"属于"许多这类群体，属于的意义总是不确定的。正如卡尔霍恩（1994，p. 27）所说："每一个集体的身份都允许再做内部划分，都可以并入一更大的种类的身份中去"。例如，"妇女"这个身份可能有内部的差异，种族、年龄或性理解。以妇女的名义提出的诉求忽视了妇女群体内在的差别，这种诉求可能让某种妇女群体比另外的妇女群体享有更多的特权。在一个群体内部假定了一种一致性，会产生它自身的排它形式。对这类问题的反应不能简单地重新确定某种身份群体的内部分类，以便使这个群体得以确切地得到内在地划分（如白种妇女、有色妇女、青年妇女、同性恋者、两性恋妇女等）。正如 A·菲利普（1996，p. 146）提出的：

> 对确定性的批判不再允许我们用任何简单的机制去试图实现平衡，它也提醒我们，多样性是巨大的，我们不能用分类的方式去把握它。

分类表总是不可穷尽的，每一分类总会产生包容和排斥。

认同的关系性模式

对身份的本质论理解和与它相关的认同的确定性模式已经受到来自组织各方的批判，于是，一些社会和政治学家试图建立一种对认同的新的理解，提出一种不同的政治认同模式。这些社会和政治学家认为，身份是一种关系，是建立在与别的群体的差异之上，却又不与其他群体分离开来（罗斯，1997）。身份群体被认为是通过身份政治形成的，而非先于政治而存在的。也就是说，特殊身份群体的集体标志是通过宣称这种身份以实现某种特殊目的而形成的。在某些特定情况下，虽然身份群体的成员存在很大差异，但是他们都赞同这个群体采用的共同价值体系。特别是在"一个特殊身份类已经在主流舆论中被压制、被认为是不合法的或者被贬低了的地方，这个群体必不可少的反应可能是，为它所属的所有成员找回自己的价值"（卡尔霍恩，1994，p. 17）。这个"地方"（与它相关的还有"时间"）特别重要。身份和差异政治总是地理和历史的政治（芬彻和雅各比，1998）。例如，在城市背景下，主张群体认同可能一般总是与特殊的政治问题相关，资源和机会的分布、空间规则的实施，都是利益攸关的。也就是说，集体身份的出现总是与处在这种特殊情况下的其他身份群体相联系的。从这个意义上讲，一个社会群体不能用一组共同的特征来定义，而是用他们的身份来定义（杨，1990，p. 44），用他们与其他群体的关系来定义（杨，2000，p. 90）。正如厄申（2002，p. 26）所说："社会群体不是事物而是关系"。

　　但是，如果一个"实在的"身份没有关于它的某种实质性的表达，我们如何宣称认同这个群体的需要和利益呢？正如芬彻和雅各比（1998，p. 9）所说：

　　　　差异通过某种非实体性的行为构成，这种行为总是立即与某种与身份政治相关的长期存在的问题联系在一起，这种行为总是反映出新的政治和管理问题。

　　针对这种对身份的理解，许多理论家提出，把身份理解为一种关系，就可以推论出文化政治和认同的关系性（而不是确定性）的模式。尽管政治理论家们还在围绕这种有关认同的关系性模式争论不休，然而，大家对这种关系性模式的一些特征还是意见一致的。那些认为文化差异并非全部或实质性的人们提出，不应当在涉及群体身份的固定的或稳定概念的条件下宣称对文化差异的认同，因为群体身份固定的或稳定的概念是建立在某种有关"实在"本身的看法上。主张以关系形式认定身份的人们主张，认同应当建立在对公正的诉求上，这个政治体制下的所有成员参与讨论这种诉求。也就是说，倡导认同关系性模式的人们都同意，"公共证明的常规理想"（本哈比，2004，p. 295；杨，2000；弗雷泽，1998）。一旦诉求者参与到公众讨论的过程中，与群体身份相关的特征和利益本身面临改变。正如杨（2000，p. 26）所说：

> 这个模式理论化了民主讨论的过程，不仅仅是表达和声称，还要改变参与者的偏好、利益、信念和判断。通过多种不同立场和态度的参与者的讨论，人们常常会获得新的信息，了解到他们在全体所面临问题上的不同经历，或者发现他们最初的观念含有偏见或无知，或者发现他们错误地理解他们自己的利益与其他人的关系。

从这个角度出发，批判的理论家们提出，评估认同差异的不同意见涉及"产生公众诉求的逻辑"，而不涉及对自然的、具体的、实在的群体需要和利益的一定看法（本哈比，2004，p. 296）。当然，批判的理论家之间的一致性开始出现裂痕，因为不同的理论家对产生公共诉求的基础看法不同，他们在寻求认同的诉求是正当的和不正当的问题上出现分歧。有些理论家，例如S·本哈比（2002）和A·奥纳什（1995）建议，我们应当支持相互之间的认同，这种认同旨在维持三种形式的自我关系：自信、自重和自尊。本哈比（2002，p. 80）和奥纳什（1995）都在寻求从"自然种类"的理论中拯救"自我"和"身份"，用动态的概念替代静态的概念，当然，动态的概念还是以普遍的规范政治理论为基础。

与这些评估不同的认同诉求的理论，N·弗雷泽最近提出，地位而不是身份和自我实现应当成为认同的公共证明的基础。对于弗雷泽来讲，认同之所以重要是因为认同提出了文化价值的制度模式，这种制度拒绝了一些群体在社会相互作用中的完全成员地位。她对自我关系的兴趣远远小于对社会成员相对地位的兴趣：

> 在地位模式上，误认既不是一个心理的扭曲，也不阻止道德上的自我实现。误认构成了一个制度化的隶属关系，违

背公正。这样，误认并不是让扭曲的身份或受到伤害的主体遭受痛苦，以致受到社会其他群体的羞辱。文化价值的制度模式形成了误认，它阻止一个社会群体以社会成员的方式参与社会生活（弗雷泽，2003，p. 29）。

这就意味着说，理论家只能通过放弃依赖流行的身份模式才能正常地区别需要认同的正当的和不正当的诉求（朱恩，2003，p. 520）。弗雷泽用地位替代身份，试图通过从社会科学观察中形成的标准，从一个群体到另一个群体，评估他们寻求认同的诉求。这种社会科学观察的目标是，发现特定的社会群体是否受到制度化的地位隶属社会关系的制约（弗雷泽，2003；朱恩，2003，p. 519 – 520）。

决策规则和邂逅：通过认同形成公正多样性的方式

这些有关不同认同模式的争论不仅仅具有理论意义。无论人们原则上采用何种认同模式，都存在的问题是：认同的批判理论能够超出对实际存在的政治状况的社会科学批判给我们提供什么？正如本哈比（2004，p. 299）提出的，诉求在不同认同模式之间做出常规区别的批判理论家们必须把自己的兴趣放到有关制度的设计和决策规则问题上来。选择何种提出诉求的方式是一件事，实际上，批判的理论家也在寻求反映指导文化政治的体制安排和决策规则。这些指导文化政治的体制安排和决策规则可能实际地把"利己的诉求转换成为对公正的诉求"（杨，2000，p. 115）。在最近的批判理论中出现了一个特别关注的问题，身份与拒绝体制安排和决策规则，据说这些体制安排和决策规则支持本质论、分离论和确定性认同诉求；身份和鼓励那些支持认同的关系性诉求的体制安排。城市管理和规划机制成为这些争论的主要对象。当国家通过对特定群体的识别和认同来对人口进行分类时，这些识别和认同的机制即发生效果。这些认定机制常常被认为是有碍于认同关系模式的体制化。下面我们来讨论两种决策规则的区别：一种是群体查验形式的决策规则，它与认同的确定性模式相关；一种是跨群体形式的决策规则，它是用来推行认同的关系模式的。

用来认同城市中不同群体的需要和利益的一般决策规则可以描述为群体查验方式。它要求规划师或政府的代理机构在对一个规划问题作出决策前，先建立一个不同群体的列表，然后与他们进行协商。有时，这种群体查验方式可能通过配额制度的形式来执行，即要求决策机构包括来自不同群体的代表（如妇女、或非洲裔美国人等等），或者通过国家资助的不同群体代表组织的形式来执行，规划师或代理机构与这些代表组织就重大决策进行协商，或举办包括他们在内的论坛进行协商。建立这种机制的目的是扩大决策的多方面视角，承认一些观点可能已经被忽略了，需要把它们包括在决策中加以考虑。这样，规划师或政府的代理机构在规划中明显代表了一种进步，存在一种规划师可以代表的普适的"公共利益"。

但是，这种查验方式是建立在认同的确定性模式基础上的。这样，群体查验决策规则日益受到批判。这种批判不仅来自怀疑任何形式认同的保守势力，也来自倡导认同的关系模式方面，他们这种规则的潜在的消极效果。后者的批判所关心的是，"查验"方式的决策规则可能掩盖了某种形式的边缘化和误认，因为它把官僚机构的分类和划分置于动态的城市多样性之上。在编制已经被认同了的群体查验表时，规划师可能无意地（或故意地）过分强调了群体间的差异，而忽视了群体内部的差异（乌特马克，等，2005，p. 624）。进一步讲，查验方式依赖于这样的假定，群体利益是足够稳定的，通过与少数领导人或代表的协商，就可以在政策中适当地认同它们。这可能鼓励了社会群体的精英们（使用查验方式进行协商的规划师常常把这些精英蔑视为"通常嫌疑犯"）。

群体查验决策规则可能助长了认同政策中有害的确定性形式。我们用阿明对2001年夏季发生在英国北部工业城镇、布拉德福德、伯恩利和奥尔德姆的民事不稳定事件所做的分析，来说明这个观点。在这些城镇，民族之间的紧张关系曾经通过来自少数民族社区的代表做过长期的协调。地方政府曾经就多方面的城市和街区政策与社区认定的"长者和领导者"做过协商。地方当局的假定是，少数民族社区具有确定的特征和利益。结果是这些社区的领导人以民族认同和民族文化保护来提出他们的要求。这是一种典型的认同的确定性模式案例。当然，在提出他们的这些诉求时，他们倾向于模糊"他们社区"其他部分的不同需求以及来自其他社区的抱怨。按照阿明的看法（2002，p. 7）：

> 这种新的政治……掩盖困难的问题，如性别不平等，亚裔社区日益增长的毒品问题，而迫使不同的群体相互竞争政府拨款而分化亚裔社区，让白人社区在有关亚裔社区私下交易的谣言下把自己看成受害者，但是，这种新政治压制青年亚裔群体的呼声。亚裔青年是一种混合传统和现代生活方式、散居和拥有英语能力的群体。我们把这些看成是实现他们愿望的条件，如青年妇女获得较好和较长的教育，在不违背伊斯兰教和家族关系的前提下，在择偶上有一定的选择……年轻人混合消费文化，冷静面对种族主义者的骚扰，不要关注存在的性别不平等和移民的信念。

对于阿明来讲，现在用来在主流规划过程中认同和包容特定少数民族群体的体制存在一系列负面效果。首先，这种确定性的认同方式假定，少数民族社区能够用一个声音说话。这样，他们边缘化了这些社区中的一些声音。在这个案例中，第二代青年移民的声音就被掩盖了，他们社区的领导在与政府协商时，并没有适当表达他们所关心的问题。第二，这些认同方式不能让社区之间实现对话，相反，它鼓励不同的群体孤立地去追逐他们的利益。按照阿明的看法，当这些青年人受到他们自己社区的领导和种族主义组织抱怨的目标时，这种方式掩盖了一系列问题都暴露出来。认同的查验形式实际上是一种误认的形式，这种误认最终引发了暴力。

查验方式的决策规则存在着一定的局限性，是否有其他的认同方式呢？Ａ·菲利普（1996，p. 149）把注意力放到这样一个难点上：

> 一方面，我们面临强加于人的和错误导向的统一，另一方面，我们无休止地寻找一个尽善尽美的分类，我们必须放弃寻求特殊的政治机制，这是否意味着，我们什么也不能做？

通过建立可能推进和维持认同关系模式的体制，消除确定性的"查验"方式，我们究竟指望得到什么？建立什么样的决策规则能够使人们"明确地表达群体差异，而又不再把一个群体的成员细分成为单一的和确定的身份"（菲利普，1996，p. 145）？

按照本哈比（2002）的意见，在强调认同和公正多样性问题时，阿姆斯特丹市议会提出的一组决策规则，给我们提供了一个体制安排的例子。这个体制鼓励关系性的而不是确定性的认同模式。阿姆斯特丹市议会通过重新安排他们的资助项目和协商体制，建立允许跨群体对话的一组决策规则，以克服"群体查验"认同形式的局限性。在20世纪80年代，通过资助代表不同少数民族群体利益的组织，如同英国的那个案例一样，市议会采用的是确定性的认同形式。当然，在20世纪80年代和90年代，被资助群体的成员和市议会都表示对这种方式的怀疑。由于那些得到资助建立协商小组的移民和宗教社区内部存在差异，所以，这些协商小组有时发现很难确定自己的立场和政治战略。所以，政府机构也不能确信他们从协商小组那里得到的意见是否真的具有代表性，或者真的具有价值。乌特马克（2005，p. 627）说：

> 一方面，自治组织不能给政府施压，另一方面，政府不能利用自治组织接近所有或大部分新出现的目标群体的成员。

因此，阿姆斯特丹市议会制定了新的资助和协商体制，以便在这个城市多样化的群体间进行跨群体的对话，这样，阿姆斯特丹市议会打破了原来建立在固定身份基础上对社会群体的区别和分类。阿姆斯特丹市议会把自己的政策从"少数民族政策"改变成为"多样性政策",把资助特定群体的协商组织改变成为资助综合性项目,这些项目包括了多种参与群体。新的决策规则提出,社区基础上的项目更有可能得到资助,前提条件是,项目的受益者能够证明,这些项目的实施包括了多种多样的群体和组织。这种方式的基础是,"阿姆斯特丹人并非属于一个群体,他们都是多种群体的成员"(乌特马克,等,2005,p. 629)。正如乌特马克等(2005,p. 630)提出的:

> 这种有关项目的说明与后多元文化文献中的一些核心假定和意见是一致的,即个人出入不同的社会关系,获得混合的或多样的身份,所以,把这些人划分到任何似乎同一的人群类别中都是无效的。

这里,作者把阿姆斯特丹的方式看作是从"后多元文化"方式向多样性政治的一个转变。他们认为,这种政策不同于"多元文化主义",因为"多元文化主义"倾向于在身份政治中优先考虑确定性的形式。这种政策既不是"同化论的"也不是"多元文化论的"(就确定性意义而言),新体制的目标是,"创造新的论坛,来自各种背景的参与者在那里讨论多样性的理想和实践"(乌特马克,等,2005,p. 630)。

在本哈比看来(2002,p. 79),阿姆斯特丹的政策提出了新体制和决策规则的基础,这些新体制和决策规则能够克服群体查验规则的局限性。她提出,阿姆斯特丹实施的跨群体决策规则:

> 通过动态的、平等的和民主的方式,鼓励进入荷兰社会的外国人联合起来,承认构成集体身份的复杂性。

本哈比支持这些新的体制安排,因为这类体制并没有假定,一个社会群体成员的利益都是一样的,他们的身份都是固定的。相反,在武断地确定下来的行政"查验表"中,一些身份是法定的,一些身份这不在其中。阿姆斯特丹市议会所建立的决策规则把群体身份和识别问题置于对话和讨论的动态过程中。这样，本哈比（2002，p.80）提出，阿姆斯特丹的经验说明了一种体制和决策规则，它们可能"推动民主社会向另一种公共生活模式转变，在这种公共生活模式中，比起社会赋予某个人或群体的身份而言，自我认同感对他们在社会生活中的地位更具决定性"。

但是，阿姆斯特丹的方式不能完全解决认同政治的全部困难。乌特马克对阿姆斯特丹实施多样性政策最初几年的成果进行了分析，他们发现，这种政策产生了新型的排斥和边缘化：

> 因为多样性政策拒绝使用像"摩洛哥人"、"土耳其人"或"穆斯林"这类身份，努力代表那些被划分在这个群体的人们的利益的组织本身被边缘化了。这里出现的矛盾是，地方政府认为最重要的是发放财政支持款项，所以它们寻求选择那些不是以民族身份划分的组织……这个政策的结果是否定了那些对少数民族成员极端重要的身份。

在那些特定民族身份已经遭到玷污和公众贬低的地方，这一点是特别重要的。例如，阿姆斯特丹地区的犯罪问题和反社会行为常常与摩洛哥裔青年人联系在一起。记者和政治家们提出"摩洛哥社区"在这个问题上做出反应。但是，为了推行新的多样性政策，摩洛哥人的组织已经不在其中，摩洛哥社区如何做出反应？所以，跨群体的决策规则出现矛盾的后果：

> 官方政策并不是支持属性一致的组织，也不是去掉地方问题（如青年犯罪）的政治色彩。然而，个别政治家以及一般公众把社会问题与一定社会群体联系起来，这样，给这些社会问题抹上了政治色彩。所以，不足为怪的是，实践中，民族性的组织要求政府提供服务，要求与镇当局合作……当社会问题愈演愈烈时，被多样性原则拒绝的那些组织重新回到政府需要与其协商的社会群体代表之列。那些反公众的群体在困难时期受到重视，而在平常时期，他们被排斥了，这个事实揭示出执行多样化政策的矛盾（乌特马克，等，2005，

p. 635）。

也许我们可以说，这个议会简单地用跨群体和动态分类的方式替代了以固定的身份分类的"查验"方式。对于那些"自我认同"等于民族认同的人们，议会实施的新的行政体制寻求通过拒绝给予资助和认同来推行新的自我认同形式。而对于乌特马克来讲，这个市议会在城市管理上的新方式已经产生出新的"动态的选择，持续产生和区分多元主体"。

阿姆斯特丹的经验警告我们，把有关不同认同模式的社会理论转变成为设计和规划决策规则的原则充满着困难。从英格兰和荷兰采用不同认同体制的争论中，我们可以得到的教训之一是，这种认同模式的转换过程还需要进一步分析。在建立认同决策规则上，规划师的位置是一个关键问题。在有关认同问题的大量社会理论文献中，理论家关心的是要提出一种方式，从"观察者的角度"判断多种认同诉求。例如，S·本哈比（2004，p. 294）在《文化的诉求》中，寻求提出一组原则，这些原则如同"常规的指南"，帮助我们从观察者的角度，找到有效的身份和不同的诉求。N·弗雷泽着从社会学家的角度首先考虑不同种类的诉求（朱恩，2003，p. 522）。当然，把从"观察者的角度"观察的问题，转换成为从"规划师的角度"可以执行的实践措施，并非易事。规划师不会是中性的观察者，而是城市政治的主动表演者。从现存的有关认同的文献中看，这个问题似乎还没有引起很大的理论兴趣。当然，国家（延伸到城市规划）在许多方面表现为"社会不公正中的一个角色和社会改革中的一个潜在的角色"（费德曼，2002，p. 418）。但是，正如我们已经提到的，当人们认为国家正在扮演中心角色时，人们"依然认真地把国家视作权利的场地和争辩的场地"（费德曼，2002，p. 418）。也就是说，国家意味着和毫无疑问地被看作是负责决定认同方式和裁定认同诉求的机构。这里的问题是作为被动的认同接受者的公民的定位——"认同"好像是一个国家按照会议主席认同一个发言人的方式认同不同社会群体的问题（马克尔，2000）。认同的"关系"模式的倡导者，如本哈比，可能提出由阿姆斯特丹市议会建立的跨群体规则比起北英格兰建立的"确定性"规则要好，他们让国家能够无障碍地去"认同"。

小结

在最后这一节中，让我们概述对通过规划努力改变不公正的认同体制和地位层次的分析。我们要提出的第一个结论似乎是悲观的。我们的分析提出，国家和规划师在差异政治中远不是什么"中性的观察者"。由规划师和国家机构建立的任何一组决策规则总会倾向于某些认同的诉求，而不倾向于另一些认同的诉求。这样，这些规则不可避免地成为权力和控制的工具。正如 M·赫胥黎（2002，p. 146）提醒我们的那样，"任何形式的分类和规则，任何改革或政策，无论他怎样进步，都不可回避地包含着控制和规范化"。乌特马克对阿姆斯特丹经验的分析似乎言中了这个道理。但是，承认规划的规范化结果并不是放弃城市规划和作为进步力量的国家行动的理由。这就迫使我们重新思考，规划体制可能通过认同给平等和"城市权"以支持的方式。

这就导致我们的第二个结论。我们提出，规划师的任务不是像一个中性的观察者那样，判断那些认同诉求是有效的，判断那些认同诉求是无效的。考虑到认同的规划任务不是设想和执行一个固定和永久性的认同模式（确定的或关系的），以为这个模式能够囊括每一个不公。正如我们已经看到的，"群体查验"和"跨群体"的决策规则都能产生积极和消极的结果。A·菲利普（1996，p. 146）指出：

> 我们已经充分地与当代政治学合拍，不相信任何一个人能够"替代"任何其他人的观点，我们已经充分地改变了单一性的强制权力而要去反映多样性。

规划师的任务是找到和支持最能够纠正特殊问题的诉求形式（"确定的"或"关系的"）。换句话说，用不同使用者的评估和"确定的"或"关系的"认同模式的结果及其它们的规则来指导决策规则的形成。我们建议，采用实用的和相互联系的方式对待认同问题，这样，规划师便能够最好地提出有关认同的改革政策来。从"观察者的角度"出发，很容易提出身份、认同和城市权等问题，但是，没有一剂可以用来包医身份、认同和城市权问题的"灵丹妙药"。究竟选择群体查验的决策方式，还是选择跨群体的决策方式来实现认同，究竟选择强调地方劣势的再分配决策规则，还是选择重视可接近性的再分配决策规则，都不是能够在规划之前决定下来的。两种方式分别用于强调问题的不同形式。在差异政治中，规划师是主动的参与者，而不是中性的观察者，理解了这一点，才能做出实用的和相互关联的结论来。规划师对现存的认同体制负责，也在倡导着新的认同体制，他们必须继续关注社会地位受损的性质和最适当的决策规则。

下一章，我们将具体说明这里已经提出的有关认同的实用的和相互联系的方式。

实践中的认同规划

在第四章中，我们强调认同差异的规划决策规则不能直接来源于理论讨论，不能直接用来处理现实问题。实际上，许多理论选择已经在一定背景下做过实验，所以，我们可以从实际出发选择决策规则，用于我们面临的实际问题。

在这一章中，我们考虑多种背景条件下应用认同规划的方式。我们以这样一种方式安排这一章，乍看起来，我们似乎是从第四章中提到的确定性模式开始，也就是说，对于每一个案例，我们首先识别那些常常在规划和政策中被认同或打上标签的"群体"。当然，我们开始讨论的并不一定是被打上蔑视标记的群体，但是，他们可能缺少社会地位，以致他们的要求和特征并没有受到现存体制安排的特别关注或支持。这些群体是我们讨论的起点，当然，这些群体中还有被标签的子群体，他们在一些情况下可能处于劣势。

	第五章的案例	表 5.1
认同	认同和再分配	认同和邂逅
规划儿童友好的城市	针对移民的规划	通过规划责问无差异的规范性

规划儿童友好城市是我们讨论认同规划的第一个案例。在这个案例中，我们将讨论意大利人如何在规划城市地区时考虑到青少年的诉求。我们考虑这个案例的角度仅仅是认同，而这个案例的背景则是努力把资源分配给青少年群体，或给他们的成员们提供进行社会邂逅的场所。我们讨论的焦点是如何通过认同和承认他们的特殊诉求，而不是通过隔离的方式，促进儿童通过与城市的互动而成长。第二组案例是关于移民的，包括来自加拿大和澳大利亚的案例，这两个国家已经执行多元文化政策十年有余。考

虑到移民的规划可以看成是一种有关认同的规划，当然，也包括寻求把社会资源分配给新来的公民，他们许多人在来到这些国家之初，处于劣势，更重要的是，他们的文化根本和文化实践无人知晓，或者说没有得到社会的认同。这样，他们是没有地位的"群体"。之所以如此的部分原因是，容纳他们的社会不知道他们的存在；他们的存在需要承认。第三组规划实践案例取自英国和加拿大，涉及如何在规划之中考虑到性生活的多样性，承认同性恋者在城市中的存在，认同他们对邂逅设施的诉求，当然，公共政策和规划制度还没有像承认异性邂逅那样承认同性交流。承认这些群体可能要求我们关注城市中陌生人之间邂逅的性质。

认同：规划儿童友好的城市

在城市生活中，儿童和青少年的场所日益成为人们焦虑的问题，社会紧张关系正在那里发生。从担心儿童受到危险人物的伤害，到担心那些打上危险或反社会标签的青少年群体，人们关切儿童所面临的危险或青少年引起的风险，这类担心和关切似乎主导着人们对儿童和城市的思考。正如 S·沃森（2006，p. 124）和其他一些人指出的那样，这类有关担心、风险和危险的邂逅越多，产生出来的这类问题越多。例如，"父母的焦虑和担心限制了儿童的行动和自由……儿童离开公共场所使得空旷的和缺少使用的公共场所更为危险"。

许多城市规划对此类问题的反应常常是提供儿童或青少年的专门设施。沃森（2006，p. 125）提出，"在这种充满担心的氛围下，儿童撤离开放的公共空间，导致地方政府和商业部门提供的正式的活动空间增加，如室内活动中心，攀岩场地等"。例如，为了儿童在公共场所的安全，常常出现立起围墙的游戏场所，以便受到成年人的监控。或者给那些玩滑板的孩子建设滑板公园，以便他们离开停车场和排水沟。但是，C·伍德在他的《城市里的孩子们》（1978）一书中提出，我们应当对这种常规的规划反应心存疑虑。他引述了

H·马特恩的观察，"城市环境的恶化可以直接用"游戏场"的比例来衡量"（伍德，1978，p. 87）。我们并非有什么特殊理由去反对游戏场和滑板场，我们认为伍德和马特恩提出了一个观点。当然，我们要指出的是，规划必须强调（必须认同）儿童和青少年的身份和利益。但是，我们建议，这种认同不应该（总是）采用提供儿童专门设施的形式。这种形式考虑到了成年人对儿童和社区安全的诉求，而采用的方式是把儿童和青少年与广阔的城市背景隔离开来。这样，儿童的城市成为成人空间海洋中的"安全"岛。我们要提出另外一种考虑到儿童和青少年需要的规划方式，把认同儿童和青少年的能力和利益作为前提，承认儿童和青少年同样是城市市民，而不是准市民或正在受训的市民。

让我们从思考儿童和青少年的城市场所开始。首先，我们将说明我们对构成儿童和青少年生活的政治缺失市民的理解，以及如何通过承认他们的能力和利益而提出政治缺失市民的问题。然后，我们通过日益增长的"儿童友好城市"全球规划运动，考虑规划提出误认儿童和青少年的方式。在考虑了儿童友好城市概念强调的认同形式之后，通过意大利城镇10年以来规划师、地方政治家和活动分子如何与儿童和青少年一起工作的案例，探讨儿童友好城市的概念在实践中的贯彻。我们在探讨儿童友好城市的规划案例时，把重点放在认同上，而不考虑认同所要实现的再分配或邂逅的目标（虽然重新分配和邂逅的因素导致规划）。

当代西方社会从根本上是以年龄为基础的不平等形式构造起来的，它边缘化了儿童和青少年。C·伍德（1978，p. iv）提出，一些年以前，"整个法律系列或累积起来的法律给予不同年龄的人们权利和义务，以非常一般的术语定义了儿童的地位"。这些法律确认，儿童有一些公民的正式的权利，但是他们并没有与政治社区完全成员相等的权利：

> 民主政治中的儿童栖息在没有公民权和有公民权的不确定的空间里。儿童有护照和至少一个国家的出生证，所以，

他们是公民，同时，社会认为他们不能够做出合理的和知情的决策，即他们不能自我控制，因此，他们不能够成为公民。对于民主公民而言，儿童只是一个没有确切定义的不完整的成员（科恩，2005，p. 221）。

儿童和青少年永久性地被排除在完全公民地位之外，长期被看作是天经地义的。科恩（2005，p. 223）继续提出，这种排斥一般"被认为是公正的和不与民主相冲突的"，所以，从根本上讲，社会允许这种排斥。儿童不是成年人，所以，简单地认为他们不能够履行公民的权利和义务。事实上，用来描述自立的公民的多种能力在很大程度上是"相反于童年"来定义的——在许多政治理论和实践中，"自立有着与童年相反的文化意义。儿童是相反于自立的文化符号"（库良尼奇，2001，p. 257）。

有关儿童问题的公共政策协商倾向于强调两点，保护儿童免遭妨碍他们成长的威胁，通过教育和规范指导，帮助他们准备在未来成为成年公民。（当然，我们知道，不同民族背景下，在儿童成长方面存在很大差异——我们以后会讨论民族差异问题。）这样，儿童和青少年被塑造成等待中的公民。当保护和教育失败，成长过程就发生问题，于是，儿童和青少年就被塑造成为反社会的公民，他们的反社会行为威胁公民社区。这里，社区要求保护儿童和青少年，别无他求（艾维森，2006a，pp. 53 - 54）。

儿童缺少一组将会随着他们的成长而获得力的能力，这样塑造儿童决定了儿童经历的城市生活，从根本上讲，限制了儿童和青少年的空间。独立接近公共场所被要求具有成年人的能力，而儿童和青少年被认为缺少这种能力。正如我们已经提到的那样，人们通常认为儿童有遇到危险的陌生人和危险的机器的风险，所以，要求成年人的监护。另外，儿童还被认为缺少社会共同的价值观念（如"尊重"和"责任"），而这些是参与承认社会所必须具有的，所以，他们需要成年人的指导和监护。当然，我们没有必要认为，所有儿童要以同样的方式经历这个城市（沃森，

2006），然而，我们能够发现许多限制儿童和青少年接近城市的措施，如在英语国家日益流行父母管理、学校规则、新的反社会行为规则和宵禁令等。正如艾维森所说，我们可以小心翼翼地在"封闭空间"和"非封闭空间"之间划分这些限制儿童空间范围的措施。"封闭空间"即是一组"安全"和完全监控的儿童空间，"非封闭空间"则是一组没有成年人监控但仅供儿童和青少年使用的空间（参见罗斯，2000）。

为儿童和青少年的"封闭空间"和"非封闭空间"可以通过城市规划建立起来。C·弗雷曼提出，城市规划师倾向于在以上讨论的负面问题基础上制定规划，这样，他们"以公众的名义所采取的行动，为'公众利益'而制定的规划，常常限制和有损于儿童和青少年的生活"（弗雷曼，2006，pp. 69 – 70）。这并非仅仅是城市规划师忽视了儿童和青少年需要的案例，实际上，更重要的是，这是有关城市规划行动的出发点问题，它从成年人所关切的问题出发，而忽略了儿童和青少年所关心的问题。规划师的工作常常倾向于集中到保护和准备上。

我们与其他一些人有同感，把儿童和青少年从城市生活中排斥出去的倾向是不公正的，需要加以纠正。从根本上讲，我们认为，纠正这种倾向要求一种规划形式，它承认儿童和青少年的特殊利益和能力。这就要求城市规划了解儿童和青少年需要的方式发生重大转变。让我们澄清一点，我们并非建议简单地把儿童和青少年当作成年人来看待，我们的建议远远超出这个范围。我们所提出的是一种城市规划，它承认一种不同的童年概念——承认儿童和青少年的能力和利益，只要儿童和青少年现在在这里，而不是把儿童和青少年的需要降低为保护和准备之类的需要。用更为通俗的话讲，我们提出一种城市政策和规划形式，它认同儿童和青少年能够做的事，而不是提出一种城市政策和规划形式，它建立在一组儿童和青少年（从成年人的角度所认定的）不能做的假定上。特别是我们提出，儿童们能够胜任评估他们自己的城市环境和经历，能够在他们评估的基础上，对城市管理作出实质性的贡献（参见马龙，2006）。正如简斯所说，我们需要一种城市政策和规划形式，它兼收并取"儿童捕捉到的公民概念"，不是在承认定义的"自立"和"能力"的概念上才允许参与。

在城市政策和规划上"认同"究竟意味着什么？这种认同可能采取什么特殊的形式？保持我们在第四章中已经建立起来的理论框架，我们提出，回答这些问题应该涉及需要强调的特殊问题上。就儿童和青少年而言，认同的"查验"和"跨群体"形式似乎对于我们都是可行的，都可以用来强调缺少公民身份的经历。"查验"式的认同至少可以用来提高城市政策和规划中有关儿童和青少年问题的权重，他们在城市政策和规划中已经一起被忽略掉了。与此相关的是，需要改变对儿童和青少年的主导培育方式，以便他们的需要可以会同成年人有关保护和准备儿童成为完全公民的诉求—并得到考虑。要实现这一点，只有通过鼓励"跨群体认同"的规划形式得以实现，鼓励一种来自不同背景的成年人和儿童青少年之间的新邂逅形式，承认儿童和青少年有多方面的能力，其价值可以在城市建设中充分表现出来。

在当代西方社会，这种跨群体的认同可能对目前支配性城市政策和规划制度最具有挑战性。P·摩斯和P·彼得里奇（2002）描述了在儿童公共服务供应方面把"儿童服务"改编成"儿童空间"的必要性。这里值得引述他们对这两个概念所做的定义，因为这个定义概况了可能导致认同儿童和青少年能力和利益方式的转变：

> 对于我们而言，儿童服务的概念与对儿童公共产品的一个特殊理解紧密相关：这种公共产品是提供给儿童或部分儿童以产生特殊的、预定的和成人确定的结果的设施。这是一个非常实用和基本的概念。"儿童空间"的概念把这种公共产品理解为许多可能的环境——有些是预先确定的，有些则不是，有些目的是成人的，有些则是儿童的：儿童空间假定存在未知的资源、可能性和潜力。这些环境可以理解为，让孩

子们有更多的公共场所来度过他们的童年，与此同时，在家里也能有更多的私人场所（P·摩斯和P·彼得里奇，2002，p. 9）。

正如摩斯和彼得里奇所指出的，作为更多的公共场所的"儿童空间"的概念并不意味着仅仅是一组形体空间。"儿童空间"的概念意味着儿童和成年人相互作用下产生的文化的、社会的及其与此相应的空间，"那里可能有对话、邂逅（不同的经验和观点）、协商和批判性思考，儿童可以在那里表达他们的意愿，他们的意愿也可以被听到"（P·摩斯和P·彼得里奇，p. 9）。摩斯和彼得里奇的观念得到了C·伍德的回应，关注儿童和青少年的人们需要改变他们的思维模式，超出游乐场和其他形体空间范围：

> 没有疑问，对于那些致力于为城市青少年争取形体空间的人们来讲，早期儿童更紧迫和难以满足的需要是社会的空间，城市儿童的需要是城市生活的一部分，这些观念都是很难与他们的传统观念相适应的（伍德，1978，p. 31）。

这种观念并非拒绝玩耍对儿童和青少年的重要性，相反，它是把城市，特别是城市公共场所看作他们玩耍的空间，而不是把玩耍限定在那些指定的空间里。

> 儿童会在每一种地方玩耍和游戏，满足他们需要的设施在一个地方，而他们却在另一个地方出现了。一个真正关注青少年需要的城市应当让整个城市的环境对于他们都是可以接近的，因为无论邀请与否，他们都会使用整个城市来玩耍（伍德，1978，p. 86）。

为了说明怎样通过新的城市政策和规划，实现对儿童和青少年的认同，我们现在来考察"儿童友好城市"国际思潮最近所做的一些工作，特别是探索这种观念如何在意大利城镇得以发展的。这里，我们再一次看到不同尺度上的行动。这些地方行动是与儿童青少年城市生活性质相关的国家和全球政策纲领联系在一起的。

创造"儿童友好城市"的国际思潮在过去 20 年里得到长足的发展。这个思潮最初起源于 1989 年联合国儿童权利大会（CRC），大会提出的原则形成了联合国儿童基金会（UNICEF）《儿童友好城市目标》的基础，这个文件在 1996 年伊斯坦布尔联合国第二次人居大会上正式颁布（马龙，2006）。我们可以把《儿童友好城市目标》理解为是对比较一般的有关儿童公民、权利和儿童参与等原则的实际引用，提出了这些原则如何在城市政策和规划纲领中得以贯彻的框架。联合国儿童基金会在"儿童友好城市"所做的工作并非建立一个"儿童友好"的标准模式，而是通过《儿童友好城市目标》倡导一个由 9 个版块组成的，供地方政府具体落实"儿童权利大会"原则的方案。这 9 个板块是：儿童参与；儿童友好的法律纲领；城市范围内的儿童权利战略；儿童权利协调机制；儿童影响评估；儿童预算；城市儿童状况报告；对儿童权利的知会；对儿童的独立咨询（UNICEF，2004）。

许多国家—州/省的行动对联合国儿童基金会《儿童友好城市目标》的形成产生过重要影响，这些国家—州/省在他们的公共政策中，努力追求认同儿童和青少年的新形式。意大利就是其中之一，它常常成为国家和地方建立"儿童友好城市"的范例和模式（如果不是完全成功的话）（马龙，2006；UNICEF，2005）。2005年联合国儿童基金会有关意大利在建设"儿童友好城市"方面的进展评估报告，对意大利在城市管理方面认同儿童和青少年的相关政策的讨论具有重要意义，我们对意大利在城市规划方面所做工作的介绍也是来自这个报告。有两项关键政策使得意大利在认同儿童和青少年方面达到目前的水平。首先，1997 年，意大利政府发布了《国家儿童和青少年行动计划》，这个计划是国家和地方政府和非政府组织在联合国"儿童权利大会"框架下进行多年协商的结果。这个行动计划从把儿童看作保护对象转变到把儿童看作公民的方向上，包括认同他们的权利、需要、潜力和愿望。这些均应在地方和国家决策过程中加以考虑（UNICEF，2005，p. 12）。同时，意大利政府建立了一个称之为"男孩和女孩的可持续发展城市"项目。这个项目来自环境部编制的 21 世纪意大利城镇发展纲要。这个政策旨在推进新的城市管理文化，把可持续发展与包括儿童青少年在内的市民参与联系起来。关键是，这两项国家政策的目标都得到了法律的确认和政府奖励的支持。例如，这两项政策都有相应的政府拨款项目和财政优惠，鼓励地方和区域政府改变他们的实际工作。285/97 号法令（提高儿童权利和增加儿童机会）与《国家儿童和青少年行动计划》相配合，从法律上要求市政府和区域政府制定地方的行动计划。

在意大利，认同儿童能力和利益成为这些国家政策的核心。这些政策有三项核心纲领：

（1）确认一种新的儿童文化意识，即把儿童视作具有主动性的活动主体，推行一种鼓励儿童和青少年在教育和参与中的权利的创新政策；

（2）推动一种可持续的和参与的城市文化；

（3）强调儿童和城市之间的一种新型关系，它构成了意大利"儿童友好城市"的核心（UNICEF，2005，p. 9）。

用摩斯和彼得里奇的话来讲，这三个纲领显示出国家政策向"儿童空间"而不是"儿童服务"的方向的转变。正如联合国儿童基金会 2005 年关于意大利经验的报告所说，"这个模式没有提出改善儿童的专项服务，而是从总体上改变城市，在设计城市时就考虑到儿童的需要"（UNICEF，2005，p. 17）。十分重要的是，这些政策旨在帮助儿童和青少年接近城市的形体的、社会的和政治的空间。在国家层面，我们可以看到第四章讨论过的两种认同形式的结合，他们以法律的形式敦促地方政府在考虑儿童需要时采用"查验"的认同政策形式，又使用这些法律措施产生一种"新的儿童文化意识"，采用"跨群体"的认同政策形式，寻求改变长期以来不言而喻的儿童概念（儿童青少年是未来的公民，他们需要保护和准备成为成年人）。

"意大利儿童友好城市"的纲领很谨慎地给地方政府留下了足够的政策空间，从他们的实际情况出发，解释他们自己的发展要求。毫无悬念，在意大利的不同地区出现了多方面的相关实验。地方实践倾向于集中在 6 个领域：鼓励儿童参与城市生活；改革城市管理；鼓励建设和提供儿童娱乐和社会化的设施；鼓励社区内的社会化；提高儿童友好城市的意识；发展新的环境政策。在每一个领域中，又有多方面的具体措施。例如，在儿童参与城市生活领域，地方上相关的具体措施包括：建立儿童议会；儿童参加的参与式规划小组；提高儿童独立出行的交通项目，如安全上下学道路；儿童友好的购物网。

公平地讲，把查验形式的认同与改革的认同形式结合起来并非总是成功的。许多证据表明，在意大利针对儿童友好城市工作已经做到的还是以"查验"方式去认同儿童和青少年，这种认同形式并不能真正形成"新的儿童文化意识"，要形成这种意识，从根本上还是需要更具改革性质的认同政策。让我们看看他们在规划和决策中吸纳儿童和青少年参与的工作。在意大利，地方"儿童和青少年城镇议会"的数量从 1995 年的 30 个增加到 2004 年的580 个，并非所有的这类议会都真正改变了对儿童和青少年的看法。在一些地方，主要还是通过学校组织，有些地方包括了老师的选择意见。这类议会在很大程度上是用来教育儿童如何参与决策，而不是实际地鼓励他们参与到真正意义上的决策中去。相类似，按照"儿童友好城市"纲领指导的参与性规划工作小组常常是由成人定义的教育目标导向，而不是从儿童自己的利益出发的。

当然，在另外一些地方，相同的措施与比较具有改革性的认同儿童和青少年的方式结合起来了。例如，在一些"儿童和青少年城镇议会"，许多社会设施建设和管理者用他们的工作吸引了儿童和青少年以及市民和官员参与到改革城市生活的实际工作中来（UNICEF，2005，pp. 19 – 37）。相类似，许多参与小组是由规划师和建筑师还有参与规划的专业人士组织的，而不是由学校的老师参加，这样的工作小组更为注意允许儿童和青少年与成年人一道工作，以追求他们自己的利益，而不是学习一种成果，把参与当成了学校的教学内容（当然，在这个过程中，会有一些学习内容）。在儿童和青少年对他们参与规划活动的评估中，他们：

> 发现了一种不同于学校正常教学过程的区别：更多地注
> 意到他们的观点，更有趣和更加寓工作于乐之中，特别是在
> 参与性规划中（UNICEF，2005，pp. 39 – 40）。

当然，这些创新型的方式面临多种困难，至少有这样一个事实，工作小组的确真诚地希望儿童和青少年的参与，并让他们参与决策，但是，不能保证他们的意见一定能够得到实施。所有这类努力都致力于让市民参与到规划的细节中，而不仅仅是儿童和青少年。这样，可以理解的倾向是，帮助儿童认识到这样一个现实：

> 不能保证他们的项目实际上得到实施或导致城市出现任
> 何实际的改变。当然，这种警告放大了儿童参与的教育和学
> 习方面的活动性质，参与最终似乎没有达到参与本身的意义
> （UNICEF，2005，p. 35）。

我们不应当设想，"新的儿童意识文化"会完全隔断与过去实践的联系。例如，在一些意大利城镇，儿童和青少年使用的专门设施从"儿童服务"方式重新调整到"儿童空间"的方式上来。游乐场、电子游戏场和青少年中心都得到了一定的调整，容纳儿童之间，儿童与成年人之间的社会化，使其成为儿童和青少年参与城市生活的关键空间。这类社会化功能并非不是指向成年人确定的教育结果。这些设施中比较激进一些采用了参与式和民主的方式进行管理，而不再是传统的成人管理形式。进一步讲，这些儿童和青少年专门服务有时成为走进城市的平台，而不再是把孩子们圈起来躲开街道的封闭空间。例如，有些服务采用了流动的"游戏车"，临时停在街区里，选择避开交通干扰的地方，满足游戏本身的要求。这类游戏车"在一个确定的时间段里，暂时中止城市空间管制规则，鼓励儿童和青少年在社区里游戏和玩耍"（UNICEF，2005，p. 29）。

意大利的经验至少还是具有启发性的，它说明了承诺认同儿童和青少年的城市政策和城市规划怎样在改变着城市。当然，意大利的经验也表明，不同尺度行政辖区之间的协调行动是十分重要的。随着国际和国内政策纲领的建立，地方规划师、关心儿童的社会组织和儿童青少年得到了智力、政治和财政资源，他们都希望认同儿童和青少年参与城市管理的能力。如同其他领域一样，他们需要在不同行政辖区尺度上共同行动。他们需要国际智力资源网络和成功案例，他们需要通过区域和国家协同保证有恰当的政治资源来建设儿童友好的政策，他们需要在地方层次提高儿童友好的文化意识，培育新的参与形式，在儿童和青少年参与下形成的城市形式。正如我们在第一章中说提到的以及这个例子所显示的那样，国际创新规划实践网络的作用是不能忽略的。

现在，与建设儿童友好城市相关的资源重新分配和邂逅等问题也浮出了水面。例如，"儿童议会"所提出的推荐意见需要一定的资源才能得以实现，满足儿童的需要和愿望，这就产生了公共资源再分配问题。无论儿童和青少年是否会使用"社区里的"空间和参与那里发生的事件，以及与城市其他部分分离的空间和事件，流动游戏站的概念同样引出了邂逅的问题。我们在以下两个案例中更清晰地讨论认同与再分配和邂逅的关系。

认同和再分配：针对移民的规划

20 世纪中叶以来，许多富裕国家的移民规模和形式都对城市和城市生活产生了深远的影响。高度发达国家现行的移民形式和水平正在使越来越多的民族群体进入眼帘。正如我们在第三章中讨论的去机构化的医疗卫生政策同时是城市政策一样，国家的移民政策也是城市政策。我们一般都承认，移民倾向于到达大都市区。我们常常在移民对国家—州和民族文化的角度上讨论移民后果，实际上，城市和街区通常才是民族相互关系发生现实的场地。

这样，移民对城市规划提出了一系列的问题和挑战。

在这个例子中，我们讨论规划可能认同移民群体的特殊需要和价值的方式。我们首先比较详细地讨论移民政策和城市生活之间的关系，进而扩大到讨论国家移民政策影像城市生活的方式，描述移民对已存在的规划体制的挑战。然后，我们再来探讨加拿大和澳大利亚的规划体制如何应对移民的挑战。在讨论地方规划如何应对移民挑战时，我们特别关注规划体制如何认同新的群体对空间使用的诉求，而原先居住在这里的群体已经认为这些空间使用是"适当的"。正如我们会看到的那样，从规划上提出新近到达的移民所经历的不平等时，认同他们的诉求常常与把资源再分配给移民相关联。

对那些移民人数达到一定规模的城市，城市规划和城市管理机制在组织和指导不同民族间关系方面发挥着关键作用。随着民族多样性的出现，规划不可避免地面临认同的问题。当移民们在都市区里居住下来以后，他们常常发现，那里的老居民们反对与他们的希望不一致的土地使用方式，那里的老居民们对城市不同部分如何使用城市土地是"适当的"和"不适当的"已经有了固定的看法，所以，移民们感觉到他们在这座城市里的生活扑朔迷离。例如，提议在伦敦郊区建立非基督教的宗教场所引起了人们的抵制，他们认为那样做会丧失掉那些郊区的"氛围"（内勒和瑞安，2002）。在多伦多，住在那里的中国人比起安格罗人更乐于到餐馆吃饭，中国人提出在郊区购物中心修建更多的餐馆。这类提议遭到了批判。批判者认为，在郊区做户外社会交往并不适宜，因为它会打破郊区宁静的氛围（普雷斯顿和罗，2000，p. 188）。多伦多的案例显示了究竟什么适合郊区的社会道德观念，对那里的老居民来讲，宁静和以家庭生活为主应当是郊区生活的特征，居住到郊区的新移民同样应当坚持这种观念。

实际上，老居民有关城市空间和服务应当如何安排的愿景在已有的规划体制和城市政策中早已形成，老居民认为，他们的生活方式就是那里生活的方式。另外，以集合地方居民反对移民提出的涉及地方建筑环境的修正案作为基础的规划过程，能够引起"种族的"或至少以那些来自当地老居民的"不要修在我的后院"之类的意见（桑德库克，2000）。在这种背景下，认同是挑战不公正的重要方式，它放弃那些过去认为不言而喻的"适当的"城市管理形式和城市形式，对它们展开讨论，让多样化了的人群来做出政治决定。

这些认同问题也从根本上与资源对移民群体的再分配相联系，这些移民群体可能因为初来乍到而处在弱势的地位上。例如，对社会资源的供应而言，如给新近到达的移民提供公共住宅的承诺，可能是建立在移民吸纳国家原先已有的对家庭结构和规模的"文化"基础上。住宅供应和其他形式的社会帮助可能都是以语言能力和法律理解为基础的，他们并非可以被新近到达的来自不同国家、运用不同语言和法律体制的移民所理解。

在考虑规划怎样通过认同民族差异提出以上所说的移民经历的不公平问题时，承认国家移民政策将成为地方化认同体制的背景，是十分重要的。不同国家的制度不一样，所以，地方化的认同体制也会随之而改变。在认同方式上没有"万金油"。与移民相关的认同规划不可避免的需要采用特定的方式，以适应国家的政策纲领，如"多元文化"，"社会融合"、"人权"和"反歧视"等，它们形成了地方的民族多样性状况，也构成了地方行动的可能性（桑德库克，2000；卡迪尔，1994；里夫斯，2005，p. 68列举了许多国家的"基本平等法规"）。这样，任何正式的城市规划纲领都需要涉及这些国家政策（桑德库克，2000，p. 17）。

现在，让我们来看看加拿大和澳大利亚的城市规划和政策是如何应对移民问题的。这两个国家所面临的这类规划问题十分相似，因为它们在移民构成和规模上、在多元文化的政策上都有很多共同之处。当然，并非只有这两个国家的城市出现了大量移民，所以，在讨论那些有着不同背景的国家的移民问题时，学者们采用了十分不同的方向。例如，狄克（1998）在讨论丹麦对土耳其移民的规划反应上，伊夫奇尔（1995）在讨论以色列规划体制下的阿拉伯村庄的规划上，都发现了十分不同的影响和结果。

从第二次世界大战以来，加拿大和澳大利亚的主要城市都成为大规模移民的目的地。不仅仅是在移民规模上非常巨大，在移民来源（移民来自的地方）和移民种类（包括经济或商业移民、难民和家庭团聚移民）上有着极端的多样性。在这两个国家，直到20世纪中叶，移民主体来自欧洲，而20世纪的最后20年里，移民主体变成了亚洲和其他非欧洲国家。两个国家在移民政策上都发生了向经济移民方向的转变。伯恩利等（1997）对澳大利亚的这种倾向进行了讨论，而李（1999）讨论了加拿大的这种倾向。

在这些大规模移民聚集的地方，针对移民的规划究竟意味着什么呢？规划一般是紧跟国家多元文化的政策，把移民按国家和区域划分为民族"群体"。这些群体基本上是按照民族而不是按照性别或年龄或性关系来界定的（尽管事实上这些人的特性可能包括在民族群体中）。认为移民带来的、群体导向的规划和其他政策方略所认定的特殊差异，是出生地、语言和文化（包括宗教）实践方面的差异。文化实践常常包括空间和利用建筑环境的方式。政府和移民接受国社会群体用来指认移民的是看得见的民族身份，它横跨出生地和文化群体。例如，在澳大利亚和加拿大这些白人社会，他们使用"亚洲人"或"非洲人"的称谓，实际上，来自那些区域的移民是很不同的。

自从20世纪70年代以来，多元文化形式成为了加拿大和澳大利亚的国家政策纲领，社会规划师已经安排了为这些移民群体提供的特殊民族服务。政府机构和非政府组织，主要使用联邦政府的财政，提供这类服务。首先，两个国家都提供了公共住宅。只要移民满足了一定的收入标准，便可以获得政府拥有的公共住宅（至少排上队）。但是，住宅供应形式没有特别的调整以适应特殊的移民家庭结构。在澳大利亚，郊区独立住宅和内城的高层住宅楼在住宅形式上几乎没有选择余地，它们构成了提供给移民的公共住宅主体，大部分都是2～3个卧室的住宅，当然，悉尼西郊的费尔菲尔德地方政府试图在公有住宅的后院加盖附属建筑，或允许扩大主体住宅，以容纳较大家庭（沃森，1995，pp. 171 – 172）。加拿大在公共住宅的供应方面强调以平等的标准进行分配，主要标准是家庭收入。例如，安大略的住宅标准并没有回答这样一些问题：什么是住户，住户可以扩张到什么规模形成一个"家庭"，家庭成员间，家庭与家庭间，需要提供何种程度的私密性（卡迪尔，1994，pp. 194 – 195）。在加拿大，联邦法律规定区别对待是非法的，卡迪尔（1994，p. 195）发现，在住宅标准上不做区别对待是很不适当的，对此类区别对待至今也没有做很好的考虑。

第二，在多元文化国家政策之下，向民族社区提供广泛的服务，这些形式主要是针对这些群体的文化活动的。在澳大利亚，地方政府提供这类服务中的一部分，尽管不一定均衡。那些移民高度聚集和长期承担移民迁入的城市地区，采用了认同移民诉求的社会和土地使用规划（汤姆森和杜纳，2002）。一项对 20 世纪 70 年代和 80 年代"定居服务"中使用的"家庭"的研究，探讨了围绕认同和再分配运行的多元文化规划方式（莫里西、米歇尔和罗斯福特，1991）。联邦政府展望了这些服务的前景，而后州和地方政府也做出响应，向给予提供这类服务的非政府组织提供财政支持。这项研究适当地批判了决策中所理解的"文化相关"的形式：

> 这场争论的焦点之一是，与提供"民族特殊"设施相对的对移民提供的"主流"服务……联邦政府民族事务项目的一个重要部分涉及社区发展的多种方式，包括民族组织中的社区发展工作人员的资助问题。这个问题反映出了许多没有言表出来的信念：民族、文化和社区在一定程度上是可以相互交换的类别，至少是可以相互补充的类别，民族群体或"社区"是社会政策的法定的对象，在许多情况下，民族群体成为一个适当的政策工具。需要对这个模式做批判地考察（莫里西、米歇尔和罗斯福特，1991）。

这个意见反映了我们在第四章中所评论的问题，20 世纪 90 年代，英国一些城市把"群体查验"方式用于"民族社区"规划，这种方式掩盖了社区内部的差异，把社区看成是无差异的，没有承认多样性的一些重要起源（参见阿明，2002）。

这项研究承认了这种批判，它详细说明了在 20 世纪 80 年代联邦政府在有关移民定居决策中所理解的"平等"，并依据这样理解的"平等"，来选择财政支持的特定服务。移民获得"平等"的战略包括：

（1）给移民提供生存资源，包括住宿、流利的英语、职业训练、收入、信息和涉税支持网络；

（2）调整机构，首先解决接近和公平计划的问题，最终改善服务安排；

（3）通过建立对非歧视性处置的法律强制权和社区教育，改善社区关系；

（4）文化支持，让移民"乐于和发展"他们的文化，并把他们的文化传承给他们的下一代（莫里西、米歇尔和罗斯福特，1991，p. 29）。

在联邦政府的政策中，接受了这种观点，把需要的资源集中到需求最大的地区将会限制实现把资源送达所有地区的目标。在地方上，联邦政府的这些宽泛的目标当然是通过执行州一层次政府的政策来实现的。在对地方政府和地方政府编制的接近和平等计划的调查中，研究者发现，地方政府社区服务部门的工作比起土地使用部门、医疗卫生部门和工程部门的工作要好。这些地方政府编制的接近和平等计划认同了他们市政辖区内移民群体的文化多样性（汤姆森和杜纳，2002）。土地使用规划官员通过多方面的咨询试图处理不同文化群体提出的规划建议，但是，几乎没有几个地方当局从这些群体的正式社区获得意见，除开做出反应之外，很少使用他们的意见去形成规划。

在加拿大和澳大利亚，联邦政府主导着提供给移民的服务和财政拨款的数目，这些政策吸引移民来这两个国家。低层次的政府，州、省或地方政府，长期以来一直都在抱怨，他们没有足够的预算来安排这些服务，移民计划也没有与他们协商。为了适当地为城市移民规划服务设施，正如我们在第三章中讨论的儿童社会服务设施一样，很多年以来，有关政府间合作而不要联邦政府一花独放的建议一直盛行（兰菲尔，1994）。

米歇尔（2001）对大量香港移民到达温哥华的商业移民做了研究。这项研究说明了过去 20 年加拿大联邦政府和省政府减少社会服务财政支出的一个后果。随着政府服务在温哥华地区的衰退，包括对新移民服务的减少，香港移民中的富裕捐献者和志愿者进入移民服务领域，向非盈利的社会服务组织华人社区联合服务协会（SUCCESS）提供资助。现在，这个组织成为当地华人最大的社会服务提供者，包括家庭和青年咨询，语言培训和多项华人定居服务。它与政府建立了很好的合作关系，接受政府的财政支持，成为定居服务的关键提供者，同时，它还提供资金和志愿人员，保持高标准的服务水平。米歇尔认为，这个机构的存在减少了对政府服务减少的抱怨，至少这一部分新移民是如此。

地方规划部门正是在调节土地使用争议方面表现出它需要认同多样性，同时，它也试图把接近社会服务和实现公正作为重新分配的目标。在公共空间的使用上，可以明显看到地方规划部门的工作成果。特别是在郊区，总有反对对地方公共空间实施进行某些变更的呼声，那里的老居民常常使用他们对郊区的愿景和维持郊区的统一性等论点对那里规划中的公共空间变更提出异议。建设非基督教的宗教场所时常成为一个规划问题。按照地方规划法规，这类场所的建设要求对土地使用规划做调整。在墨尔本的郊区，这类问题一直处在热议之中，在郊区居住区建设清真寺或佛教庙宇的申请多次遭到规划部门的拒绝。规划师要求申请者在工业分区建设这类宗教建筑。他们做出这类决定的理由是，宗教活动可能会在郊区居住区引起噪声和停车问题（桑德库克，1998，p. 130）。有一个地方的移民希望建设一个很小的庙宇，其规模大致相当于一幢郊区正常住宅，但是，还是没有得到规划批准。实际上，在郊区建设这些设施是移民群体应有的权利。类似情况也出现在悉尼，争议最大的还是宗教建筑的位置和它们可能产生的交通问题（沃森，1995）。典型的情形如下：

> 在若干地方，一些在现存的居住分区中的穆斯林和印度教社区提交申请，要求建设清真寺或庙宇。在一些案例中，若干个人合伙购买住宅或仓库。接下来，这些地方的穆斯林或印度教社区开始利用这个建筑或若干建筑进行宗教活动。随着时间的推移，越来越多的人来到那里做宗教活动，在重要宗教节日里，如斋月，有很多人聚集在那些场所里。于是，出现了噪声和交通问题。当地居民开始向地方政府抱怨此事。地方规划官员来到那些场地，通知这些人，除非对那个地区的分区规划做出调整，否则他们不能把那些建筑或场地用作清真寺或庙宇。在许多案例中，在以上阶段结束时，或在申请时，都会发生因宗教场地选择而引起的冲突。清真寺或庙宇的建筑形式和使用模式当然不同于基督教。由于区域道路的承载能力和公共交通条件不佳，停车场成为一个问题。同时，用来做社会聚会场所和宗教活动清真寺和庙宇会产生噪声，影响周围居民的正常生活（沃森，1995，p. 168）。

卡迪尔（1994）在对安大略的研究中提出，在新的宗教建筑开发过程的每一个阶段，无论是多伦多、墨尔本还是悉尼的规划师，所面临的问题都是相似的。因为有关宗教建筑的分区规划和其他规划规则都是以教堂的特征为基础的，清真寺的尖塔和圆顶不同于教堂的钟楼和尖顶，所以，必须修正建筑标准和地方规划法规，才能容纳清真寺或庙宇。在很长时间里，清真寺在安大略省一直是"规划的保留项目"，而对于佛教庙宇和锡克庙宇则有一个"被规划部门了解"的过程（1994，pp. 195 – 196），需要把个案综合成为应用的规划知识。

在多伦多的远郊，华人购物中心是又一个值得关注的案例，它涉及地方规划与正在变化的人口构成及其需求之间如何协调的问题。有关建设这些华人购物中心的规划问题，有关零售开发的

"中性的"或"统一的"标准实际上并非"中性"和"统一"。

王曙光（1999）详细描述了这个案例。过去 20 年以来，多伦多都市区里的 3 个中国城一直是地方华人——广东人的重要零售和服务中心，在此基础上，若干郊区又出现了新的大型华人拥有的零售聚集区。这些新的商业区主要是针对新近到来的富裕的香港移民。他们不同于其他国家的移民，不是聚集在内城，而是聚集在远郊地区。（正如我们已经提到的，过去 20 年，华人移民在整个加拿大移民群体中占据主体，移居加拿大的华人中，有 40% 居住在多伦多。）这些新的商业中心采用了全封闭的购物中心形式，而不同于唐人街的商业街形式。这些商业中心里不仅包括食品店和餐馆，还有许多针对华人的商务和服务。它们主要集中在多伦多的 4 个远郊，新近到来的华人移民大多集中定居在那里。王曙光的数据显示，1996 年，在多伦多已经建成的这类华人购物中心有 52 个，规模大致从 15 个商业单元到 200 个商业单元不等，申请在建的还有 22 个。这些华人购物中心与其他购物中心的差异之一是，这些购物中心的零售商都拥有他们使用店铺的房产权。通常情况下，购物中心的零售商都是从购物中心老板那里租赁店铺的。

这些新的零售和商业中心引起的规划政策方面的困难有（王，1999）：

（1）变化迅速，根据人口增长预测以及现存人口的需要，开发商不断要求建设新的购物中心，以致规划体制很难适应其变化速度。

（2）在这些是镇辖区，一般在三个层次上规划购物中心（地方、区域和专门的），而这些新的华人商业中心并非属于这个规划分类之中。由于它们是针对华人消费者的，一些地方居民抱怨这些购物中心是"专门的"中心，所以，已建和待建的这类商业中心过多和过度集中在某个市政辖区内。这些商业中心吸引了其他地区的消费者，所以，它们的功能超出了地方零售的规划布局要求。（类似的争议也出现在大型清真寺的规划中）。

（3）没有业主分别拥有产权的共管商业中心的规划法规。在开发这类购物中心时，究竟允许它们建设多少个零售或服务店铺单元，每一个单元的规模，这类问题还不明确。一般来讲，这些购物中心的店铺规模很小，且数目很多，步行和汽车混杂在一起。

（4）这些购物中心里的商店或商务的性质也存在问题。华人购物中心倾向于不开百货店，而另外的购物中心都有百货店，华人购物中心倾向于开设更多的餐馆。规划政策究竟如何回答这些问题还是不清晰的。

地方政府对此类问题的反应不尽相同。王曙光（1999）对多伦多郊区斯卡伯勒、马克海姆和里士满希尔市，在应用规划政策处理日益增长的华人商业中心方面的情况，做了对比。斯卡伯勒市在规划政策上采取了"中性的"立场，强调在分区、建筑设计和场地布局上，完全与其他规划申请一视同仁。但是，马克海姆市和里士满希尔市对华人商业中心的规划政策上少了一些中性立场。他们要求针对华人群体的商业中心应当有百货店，作为购物中心的基础店，效仿其他购物中心，减少购物中心里的食品店和餐馆。王曙光发现，这些要求意味着这些购物中心不能建设，因为百货店不会建在顾客对它们不感兴趣的地方，而食品店和餐馆是这类购物中心成功的保障，购物中心以此吸引顾客。里士满希尔市对地方规划法规进行了调整，以阻止华人商业中心的建设，加深了开发商和相关居民之间的裂痕（普雷斯通和罗，2000，p. 189）。

通过规划认同移民诉求的另一个地方案例是，那些城市里特殊的"民族聚居区"设施，通常成为城市的旅游景点，如唐人街。与此相关的规划问题不同于以上案例。在这类案例中，要求规划发挥其协调开发机会的功能，把这类特殊的打上民族印记的设施发展成为商业街或商业区。规划部门与之交往的通常是商人而不是民族群体，民族群体只是这类街区的标志。值得思考的问题是，为什么城市核心区的唐人街能够发展成为商业和娱乐一条街，成为城市旅游景点，而当华商提出在郊区建设这类商业街的要求时，却不能如愿以偿。K·安德森详细分析了加拿大和澳大利亚唐人街的产生（1990，1991，1998），包括规划师的角色，唐人街的当代形式。当然，这两个国家在 19 世纪就有了华人移民，唐人街长期是贫穷、受到污染和隔离的地区。直到 20 世纪 70 年代，多元文化的国家政策使那里出现了提供民族特色消费的商业机会，然而，主流规划对唐人街的反应还是清除掉它们。例如，第二次世界大战之后，温哥华的"城市手术"（政府主导的城市更新）曾经把长期存在的唐人街标记成为贫民窟（安德森，1991，p. 186）。第三章中提到，这种情况也发生在 50 年代的波士顿，那里曾经是意大利裔美国人居住的地区。温哥华的规划师计划修筑高速公路，如果这项规划得以实施，温哥华的唐人街真的会消失掉（华人和其他民族的人形成了抵制这项规划的联盟）。安德森说：

> 一个非华人的主张改革的院外集团设想出了一个新的唐人街，提交给了特鲁德政府（主张多元文化），正是在这个时候，主张地区"差异"的观点才开始消除战后意识形态的影响（1991，p. 210）。

安德森发现，唐人街并非仅仅因为华人移民生活在那里和在那里做生意才形成的。在西方城市里出现唐人街还因为这些吸收移民的社会成员们把唐人街看成"华人"的代表。那些影响城市建筑环境的人们，如投资商、开发商和规划师，在如何看待"华人"的地方上，扮演者重要角色，他们识别出这些地方，然后给它们打上唐人街的标志。安德森不仅描述了这个发生在温哥华的过程，还描述了发生在澳大利亚的墨尔本和悉尼（1990）还有美国纽约市的类似过程（1998）。在澳大利亚的城市，华商、非华裔的开发商和规划师组成了合作团队，共同振兴了那里的唐人街，把它们变成了内城的重要旅游街，通过增加在那种建筑环境中的消费，产生经济效益。在纽约市，政府和寄居社会对"华人的"看法不同，所以，他们对经济收益的看法也不同。安德森发现（1998，p. 209），纽约州劳工部允许压榨性的工作条件继续存在，他们认为"狄更斯描述的状况"在唐人街里存在，所以，唐人街的经济收益来自对工人的剥削，包括华商，还得到了政府的认可。虽然华人移民最近参与了改造唐人街的行动，实际上，唐人街的工作场所和住宅状况很不相同，这些进入了市场和被规划的地区的共同之处是，"寄居社会"之所以对此类地区投资是因为他们认为，它们代表了"华人"的特征。这种情形与在郊区建立起来的华人购物中心的主张是有差别的。不同情形下的规划角色当然也不一样。就多伦多远郊建设起来的郊区购物中心而言，这些郊区的"寄居社会"有把"真正华人的"东西放到了"真正是郊区的"地方的疑问。

在我们已经描述的情况下，究竟什么是认同移民带给城市的多样性和承认新近到来的移民的地位和福利依赖于适当的认同的好的规划？正如我们在第四章结尾中提到的，不存在"万金油"式的规划公式；所有的方式都有其局限性和长处，必须从它们是否能够"因地制宜"来做出判断。当然，有两件事是清楚的。首先，大规模的规划较之于小规模的规划更难以取得积极的成果。大规模的规划行动可能是，鼓励唐人街不考虑与城市里的多种场地相适应，独立于它们之外；而小规模的规划行动可能是，把移民的建筑和空间融入围绕城市的多种公共空间和场地之中。多伦多多元文化生活的"成功"部分源于那里可以看到多种日常生活实践（伍德和吉尔伯特，2005，p.686）。卡迪尔发现的"被规划部门了解"正在安大略省以相对较小的步伐出现，规划师们了解如何在地方分区规划规则里解决新移民群体提出的规划要求，逐步产生了比较恰当的结果。似乎不太可能要求政府大规模修改地方分区规划的规则，让这些分区规划规则里包括移民的多样性，特别是在许多西方国家的政府正在放弃多元文化方针的条件下，要求加速地方分区规划规则的调整（米歇尔，2004）。应当讲，从这些地方分区规划规则调整中积累起来的指导规划实践的价值观念具有不可估量的作用。澳大利亚和加拿大从20世纪70年代就开始执行多元文化的国家政策，这项政策逐步演化成为许多地方的公共政策。从这个意义上讲，这项政策所产生的深远影响证明了逐步调整地方分区规划政策的重要性。

第二，如果要在整个城市背景下，让移民的多样性"融合到"地方公共空间中，规划实践的领导作用必不可少。按照普雷斯顿、科比亚斯和谢米亚科奇的说法（2006），规划应当证明，移民的多样性能够融合到整个城市景观中，即使这种融合的结果让城市景观与原先的城市景观稍有不同，我们也应当鼓励把移民带来的多样性融合到我们的城市景观中。这个加拿大的城市研究小组在研究了多伦多远郊有关建设华人购物中心的规划冲突之后，提出了更进一步的意见。他们认为，一个真正的多元文化城市接受的是变革性的变化，而不是消磨掉不同人群的差异。为了做到这一点，我们需要重新考察我们的规范，什么是可以接受的生活方式，什么是可以接受的形成建筑环境的方式（普雷斯顿、科比亚斯和谢米亚科奇，2006）。

认同和邂逅：通过规划责问无差异的规范性

城市需要海纳社会的多样性，而城市要能容纳下社会的多样性，在做城市规划时，需要认同社会的多样性。社会的多样性包括性行为的多样性，我们不能假定这个社会只有异性之间的性行为。认同社会多样性的规划同时也认为邂逅不可忽视。城市规划很少涉及同性性行为，而按照城市生活中只有异性性行为的观念创造的城市并不完全尽人意。

这里，我们讨论规划以何种方式认同城市中出现的不同性行为，而不是压制它们。我们首先思考政治的性行为和城市空间的关系，注意规范的异性性行为和其他性文化的发展如何同在一座城市里存在。然后，我们在讨论两种认同其他性文化的城市管理形式，一个是曼彻斯特男同性恋村，一个是蒙特利尔女同性恋社交场所。我们通过这些例子说明，规划以何种方式把认同和邂逅结合起来，关注与异性规范相关的不平等形式。

自 20 世纪 60 年代以来，有组织的男女同性恋社会运动一直在挑战西方社会异性性行为的规范和法权。这些运动让人们注意到，性关系从根本上构造了社会，它压制那些不服从异性行为规范的人们。这些社会运动展示出，异性性行为构成这个社会的基础；所以，它通过一系列体制和道德规范而获得了法权。是否明显的性的社会体制，如婚姻，是用来约束一对异性的，是否同性情感总是与暴力和压抑相关的，问题还不只是如此。正如 L·勃朗特和M·沃纳（1998，p. 555）所说，"一般不认为属于性文化的行动支持和延伸了"异性规范。异性规范：

> 产生于几乎社会生活形式和体制的每一个方面：国籍、国家、法律；商业；医疗；教育；传统和传说，浪漫的故事，以及其他受到保护的文化空间（勃朗特和沃纳，1998，pp. 554–555）。

与此相反，以制度方式对非异性性关系的表达差强人意（勃朗特和沃纳，1998，p. 562）。在公民权和福利领取资格上，有些性关系是不能接受的，甚至根本不予考虑。公众在能不能接受同性之间的亲密接触方面难以定论。对于异性而言，一些感情行动如亲吻和手拉手等，不会引起人们注意，但是，如果这些行动发生在同性恋者之间，就可能招致骚扰甚至攻击（梅森和汤姆森，1997；瓦兰亭，1993）。

城市空间的设计和规则本身就让异性性关系看上去正常和自然。在当代西方城市，街区、住宅、工作场所、商业和娱乐场所都是按照异性性关系而设计的（诺普，1995，p. 154）。公共空间里随处可见性展示，从办公室里的家庭照片到公园里的手牵手（瓦兰亭，1993）。尽管性行为应当出现在"私人空间"而非"公共空间"里，但是，在各式各样的"公共空间"里出现异性性行为不足为怪，而"周边的人对此视而不见"（杜坎，1996，p. 137）。

城市与异性性关系的规范相一致的同时，城市也为非规范的性行为得以施展提供了支持空间。这种空间已经通过市场和地方政治渠道得以发生。居住和零售区都已经习惯创造出一些供同性恋"社区"使用的城市空间，如旧金山的卡斯特罗区（卡斯特里斯，1983），悉尼的牛津街（沃瑟斯庞，1991）或曼彻斯特的男同性恋村。在这样的地方，非异性的活动和身份成为正常的、共同的和可以看见的。同性恋社会活动分子的政治行动常常寻求挑战城市的异性性关系的基础，要求在整个城市的公共空间里都可以有非异性性活动的场所（即 ACT UP 式的亲吻）（索米拉和沃夫，1997）。

城市当局并非总是容忍在城市里标记出"同性恋空间"和各类抗议行动。实际上，在一些城市，这类空间和行动继续受到限制。城市规划的各类措施常常用来执行这些限制，不承认非异性性关系。M·沃纳（2000）研究了纽约市 20 世纪 90 年代后期调整分区规划规定的影响，它说明了城市政策和规划措施如何继续约束其他的性文化。按照朱利亚尼市长倡导的"生活质量"目标，引入了一系列规划措施，让各种性文化活动不要过度集中，同时，阻止新的空间集中。新的分区规划限制把城市划分为"成人商店"禁区和依法运行的"成人商店"区。在依法运行的"成人商店"分区中，还有进一步的分区限制条款，如成人商店场地之间不能小于 152 米，成人商店与宗教场地、学校和幼儿园场地之间的距离不能小于 152 米。同时，对成人商店场地的标志和张贴均做出限制。用于关闭商业性活动的公共卫生令进一步强化了分区规划的效力，针对执照申请的法律，可以依法关闭男女同性恋的酒吧和俱乐部，警察以缉毒的名义搜查这些酒吧和俱乐部。沃纳注意到，这些新的分区规划法律和其他一些相应措施都是按照三个基本原则设计的，从集中向分散，从张扬到谨慎，从居住和商业场地到边远场地，改变那些非规范的性社区。这些调整措施假定，这样做既会改善城市的"生活质量"（朱利亚尼对此的定义十分狭窄），减少"成人商店"产生的"附带效果"（如影响周边房地产的升值），也会强化城市的公共卫生（特别是控制性病的传播）。

通过城市规划，对成人商店场地实施分散、遮掩和送到边远的场地中去的方针，从根本上影响了纽约市同性恋者。尤其是，这些措施构成了对那些同性恋场所的攻击态势，如维斯特村的克里斯托夫大街。小街集中了许多男女同性恋社会和商业空间，如1969 年的斯通维尔暴乱场地，常常成为美国当代"自由同性恋"运动的象征。由于采用了朱利亚尼的措施，这些街道已经被改造。在纽约实施这些措施后不久，沃纳（2000，p. 169）写道：

> 自 1969 年的斯通维尔暴乱以来，同性恋者已经可以直截了当地获得性商品、剧场和俱乐部。我们已经知道怎样找到其他方法，怎样建设一个分享的世界，怎样在一个厌恶同性恋的世纪里创造一个自己的空间，自 1983 年以来，怎样培育一个性安全的集体道德观。所有这些都是有关变化。现在，那些需要性工具的，那些需要找到另一个人与之发生性关系的，将必须去不容易接近的，几乎没有交通的，阴暗的小地方，绝大部分在岸边，异性的妓女也在那里，那里的暴力活动异常频繁，集体世界的意识更为贫乏。新生的女同性恋文化同样受到威胁，包括只有在录像租赁店里才能迎合女同性恋者。纽约市的性净化将给那些本来就没有多少可以使用的公共资源的人们再加一层不平等。

这里，沃纳的观点是，采取这些措施可能缺乏公正，它们所产生的后果远不只是不公正，有些群体可能对此感觉更为强烈。特别是当这些措施并不是明确针对男女同性恋者的时候，这些措施让那些特殊形式的异性性行为者损害了其他性行为者的利益。克里斯托夫大街曾经是同性恋者认为安全的地方，那里集中了大量成人商店：

> 并非所有到克里斯托夫大街的人都找妓院，但是，确有人在。事情发展到一个临界点，量变就会导致质变。人员激增，街道变得光怪陆离。克里斯托夫大街成为了高密集的，公众可以接近的性文化场地（沃纳，2000，p. 187）

　　以异性性关系作为规范的分区规划和规划措施威胁了这条同性恋大街。有些成人商店生意人改变经营方式满足新的法律规定，采用称之为"60－40"的规则。按照分区规划，"成人商店"是指，商店营业空间的 40% 用于摆放成人用品。如果商店中成人用品占据的面积不到 40%，它就不是成人商店，也无需服从相关法律。

　　以下，我们将探讨城市管理的其他方式：城市政策和城市规划怎样实现认同，而不是制约城市中多样化性行为的产生和表达，我们不能简单地回答这个问题。同性恋政治和社会理论更多地涉及性身份和身份政治的性质问题，他们在争论中倾向于，应当有不同种类的规划对此做出反应。这些争论集中在这样一个问题上，是否通过认同"同性恋社会"的特殊需要和利益才能最好地应对同性恋者，或是否一个多样化的性行为可以以非制度化的关系与其他性行为同时存在是最好的回答。从某些方面讲，这个争论似乎与我们在第四章讨论的"查验"和"跨群体"的认同形式十分接近。正如我们会看到的那样，以认同多样化的性行为为目标的规划不仅仅是支持在城市里开发"同性恋空间"。如果这样的空间果真如同沃纳所说的那样重要，以认同多样化性行为的规划就要挑战和改造这个充斥异性性行为的城市，这一点也是重要的。为了实现这个目标，规划措施能够有助于在城市范围内处理那些给予特殊形式的异性性行为以特权的条件，这些规划措施考虑到了邂逅的重要性。事实上，正如我们在第六章中将要看到的，性行为理论家 S·德拉尼已经处在对日常生活中"邂逅"重要意义的研究前列。

　　在城市管理中，认同性行为多样性会有不同的形式。为了说明这一点，让我们简单地举两个例子。首先，我们追溯一下曼彻斯特"同性恋村"的历史，以便了解"同性恋空间"是如何形成的。然后，我们再从 J·波德莫尔对蒙特利尔的圣劳伦大道的研究中，考虑我们称之为"同性恋空间"的形成。

　　20 世纪 90 年代，英国曼彻斯特的地方社会活动分子、政治家和规划师努力发展了一个"同性恋村"。这一行动与纽约朱利亚尼所做的工作形成鲜明对比。曼彻斯特城市规划部门正式以分区规划的形式承认了这个"同性恋村"。这个"同性恋村"坐落在曼彻斯特市核心区，是一个相对紧凑的区域，在布鲁门和卡纳尔大街。这种认可至今还偶尔引起政治争议（宾尼和斯科格，2006，p. 232），因为支持"同性恋村"的政治性比较强大，所以，它成为曼彻斯特吸引海内外游客的场所之一：

> 市旅游办公室编制了这个村庄的地图，这张地图不仅划定了它的边界，标记了它的娱乐设施，并把它作为地方、国家和海外游客的旅游目的地（莫兰等，2001；参见宾尼和斯科格，2006，基耶里，1997）。

在整个 20 世纪，曼彻斯特都有同性恋在活跃，自 20 世纪 80 年代以来，这个标记出来的同性恋村的生长表明了曼彻斯特同性恋空间形象的一个重大变化。正如 S·基耶里（1997，p. 280）所说：

> 那些不相关联的地下室里的酒吧移至街面，进入酒吧之间的公共空间，创造了一种接受不同规则和章程的另类，这就是同性恋村的独特之处。

多种政治、经济和文化因素导致了曼彻斯特出现这样一个标志明显的同性恋村（基耶里，1997，pp. 278 - 279）。在 20 世纪 80 年代期间，左翼工党领导的曼彻斯特市议会与男女同性恋活动分子建立了盟友关系。市政府支持男女同性恋者所提出的多种诉求，如允许他们的存在，反歧视，从物质上支持社区设施的建设，为这个地区男女同性恋者服务的媒体，对那些对同性恋抱有厌恶态度的其他国家机构如警察发出挑战。同时，针对男女同性恋市场的商人们开始更新建筑，大兴酒吧，如"曼陀"——一个很有特征的建筑，改造后的店面为 9 米高的大玻璃窗，而原先则是由砖头、玻璃和水泥建成的，这样，酒吧不再躲藏在地下室里，而是暴露在公众眼中（宾尼和斯科格，2006）。曼彻斯特还是青年文化运动的中心，他们的活动常常在这个地区的同性恋者开办的、接受同性恋者的酒吧和仓库里展开。

20世纪90年代早期，这个同性恋村已经成为曼彻斯特城市和社会景观之一。城市行政当局把它的可视性看成一种资源，通过对这个地区的市场宣传和建筑更新，增加曼彻斯特的经济竞争性（基耶里，1997，pp.284–286）。在这个背景下，"同性恋村"被认为是一种文化—经济资源，"证明这座国际都市的标新立异"（基耶里，1997，p.285）。宾尼和斯科格（2006）提出，这种政策从某些方面反映出，曼彻斯特在城市更新文化—经济战略上的先锋地位。实际上，它的这种战略以后得到了广泛的传播。R·佛罗里达（2002）的文化导向的城市发展战略在"同性恋指标"（用来衡量城市对同性恋者的友好程度）和推动发展的"创造性等级"之间建立起了明确的联系。

现在，"同性恋村"成为了曼彻斯特男女同性恋社区重大胜利的象征。对城市这个部分同性恋者的认同推进了建设一个集中的社区和商业设施，对同性恋采取了容忍的而不是限制的方式，从而探索了其他种类性关系形式。进一步讲，对"同性恋村"的官方承认和支持，使这些另类性行为在公共场所成为可见的，而不是强迫他们为了生存躲进角落里。当然，与世界上其他"同性恋空间"一样，"同性恋村"也有自身的矛盾和困难。

首先，"同性恋村"的性质基本上是商业空间，这样就产生了它自己的不平等和不可接近的形式。随着它的更新和并入曼彻斯特经济发展战略，"同性恋村"被打上了这座城市的"国际化"地区。自20世纪90年代实施的城市更新以来，越来越多的"国际化"酒吧、咖啡厅和俱乐部主要服务于青年、相对富裕的男性顾客。因此，那些工人阶层的男女同性恋者很少去那做社会邂逅，很少与之发生联系（莫兰等，2001，p.410）。所以，莫兰说，这个村给人的基本印象是"同性恋 = 男同性恋"。

第二，对于一些男女同性恋者来讲，对他们"村庄"的安全有所担心，因为这个划定为"同性恋空间"的村庄是在整个城市背景下，所以，出现了对这个空间的边界和实际效果的担心。一方面，这种明显可视的村庄已经成为厌恶同性恋的人们实施暴力的目标（实际上，出现了警察的控制）。另一方面，这个"男同性恋"场所也引来了许多妇女，她们不希望引起为了其他夜生活目的而到这里来的男性的注意。莫兰和她的同事们在 2001 年对曼彻斯特的男女同性恋者做过一次访谈，这个访谈揭示出，他们都很担心"异性性行为者的进入"。换句话说，这个村是一个既维持安全又维持受到侵犯感觉的"同性恋空间"或房地产领地，男女同性恋社区在这个同性恋村里获得了一个他们自己的领地，这样，他们成为了这些房地产的所有者，同时也可以声称别人侵犯了他们的领地（莫兰，2001，p. 408）。

曼彻斯特人的经历表明，当认同采取了官方确认的形式，"同性恋空间"成为异性性行为海洋中的一个孤岛，于是，就出现了对于其他群体的某种形式的不平等和伤害。同性恋空间既可以满足那些同性恋社区的要求，也可以把他们的社区和社会规范约束在城市的某个可以辨认出来的地方。

也许蒙特利尔的女同性恋者与这个曼彻斯特案例一样，既得到了对她们另类性行为的认同，也得到认同的肯定形式。类似曼彻斯特，蒙特利尔也有标记的"同性恋村"，而且也是以男同性恋为主（波特摩尔，2006）。J·波特摩尔（2001；2006）对这个城市女同性恋社会的地域状况做过调查。这个调查表明，除开同性恋村外，其他空间对女同性恋者也是很重要的。波特摩尔的线人告诉了她另外一个女同性恋者场所，圣劳伦大道的一段，称之为"梅因"。正如波特摩尔所说，"梅因"并不是一个"男同性恋"、女同性恋或"同性恋"的空间。实际上，它是一条各式各样使用和多样化使用者分享的一条街：

　　在这条多样化的街道上，不同阶层、年龄、民族的人群混合在一起，土地使用也是混合的，包括商业、居住、工业和文化。下午在这条大街上溜达时，你可以遇到来这里上时尚和昂贵餐馆的顾客，来这里寻找欧洲食品和报刊的郊区人，从旅游车上下来的游客，新移民，来这里买便宜商品的临近街区的居民，占据这条街本身的则是各式各样的年轻人（小流氓、学生、艺术家、音乐家，男女同性恋者）。夜晚，各式各样的人们来这里上餐馆和酒吧，当然，多数人都是来自这个区域之外的异性性行为者，特别是来自郊区的年轻人或青年职业人士（波特摩尔，2001，p. 338）。

所以，珀特莫尔称圣劳伦大道是一条"差异的空间"，当然，用我们的术语，我们也可以称它"邂逅的空间"。从我们的目的出发，这条作为邂逅空间的大街的活力在于：

> 容纳了"女同性恋"的社交和社区，这是赋予一个场所某种名义的方式，甚至只是一种愿望，事实上，这条大街并非"女同性恋的地方"（波特摩尔，2001，p. 351）。

按照波特摩尔对妇女的那个访谈，之所以她们认为那里是个女同性恋的地方，是因为她们感觉到，她们能够"消失在这条大街的人群之中"。确切地讲，因为这条大街不"属于"任何一个群体，所以，似乎"让女同性恋者待在那里的可能性比较大"（波特摩尔，2001，p. 342）。因为那些使用这条街的人们感到这条街是一个"随意的"空间，其他性行为成为多种随意选择之一。正如她的线人之一所说：

> 你什么都可以看到，一览无余。从这个方面讲，我发现人们不太盯住什么，不对"同性恋"有什么惊讶，而在别的地方如果看到同性恋，他们会很惊讶，因为其他地方比较保守（波特摩尔，2001，p. 343）。

另外一个人说，"圣劳伦大街充斥着光怪陆离的场景，所以，见怪不怪了"（波特摩尔，2001，p. 342）。波特摩尔访问的那个女同性恋者还对圣劳伦大街和蒙特利尔的同性恋村做了比较。她说：

你最好避开那个同性恋村，那里的每一个人都会认为你是一个女同性恋者，别无其他。对于我来讲，走在圣劳伦大街上，既是一个女同性恋者，却也不仅仅如此。我感觉在圣劳伦大街上更舒服，因为那里包含我的所有方面（波特摩尔，2001，p. 343）。

这种对使用"梅因"感觉的描述与我们在第四章所描述的认同的"跨群体"形式一致，在那里，我们强调了决策规则需要超出对基本身份的"确定"，采用更灵活的身份政治。一个人"是女同性恋者，却不仅仅如此"这句话是对灵活的身份政治的一个很好的描述。如果我们采用比较抽象的语言来讲，在圣劳伦大街上，一个人既是一个"女同性恋者"，也是在其他路人之中的一个"路人"——这样，灵活的认同政治与这条街上容忍路人邂逅的能力相关。

有关蒙特利尔的这个例子说明，在城市政策和规划中，承认邂逅的重要性，把另类的性文化认定为多种性文化之一，就能发现与错误认同相关的不公平。在这个例子中，我们看到，在蒙特利尔对女同性恋者的限制就是她们能够消失在茫茫人海中，成为一个路人，而不是从负面给她们打上在异性性行为规范看来"不正常人"的标记。现在，我们可能会说，"规划"对这个结果没有什么可以做的了。然而，正如我们在下一章将要提出的那样，像圣劳伦大街这类邂逅空间要求的规划，即使这类规划不过是"轻描淡写"，它也是势在必行的（肖，2005）。

最后，我们要强调，这种认同也有局限性。在这个案例中，把女同性恋者融合到多样化的空间中并不一定给"这些人群"提供了她们需要的商业和社区设施，做到这一点可能需要那种确定了边界的社区形式，这样，潜在地减少了女同性恋者出现在人们的视线里。正如我们在第四章中提到的那样，当认同的"灵活的"或"跨群体"的形式消除了"确定的"或"查验"形式认同所带来的问题时（如通过规划肯定了"同性恋村"），认同的"灵活的"或"跨群体"的形式还会产生它们自己的困难。

小结

我们在这一章中列举了三个规划案例：规划儿童友好的城市，针对移民的规划和针对性行为多样性的规划。在每一个案例中，我们都在讨论认同规划处理"理所当然"的空间规范的方式，这种"理所当然"的空间规范给予城市里的一些群体和使用者逼人没有的特权。

在这些案例中，重新分配和邂逅都与认同群体特征和需要密不可分。对于规划儿童友好城市而言，缺少适当公民身份和代表的儿童身份成为我们仅仅需要认同的案例。但是，这个案例有邂逅的因素（把孩子带到那些没有隔离的场地），也有重新分配的因素（如果我们对公民应当享受的社会服务做重新分配，把这种享受社会服务的权利称之为城市权，把儿童的公民权延伸至城市权，那么，这里就有重新分配的问题）。针对移民的规划既要考虑到利益的重新分配，也要考虑到认同移民所带来的文化和他们在城市里的生活方式，从这个意义上理解规划，我们就需要把政府提供的社会服务向新近来到城市的弱势群体倾斜。当然，我们也能够看到针对移民的规划中所包含的邂逅因素，建设移民希望拥有的公共场所就是鼓励这些群体能够聚集在一起做社会交往。认同比较多样化性行为的规划涉及如何满足以性行为标记的群体内部和他们之间邂逅和社交的需要。在一定程度上讲，这种规划考虑的意义已经超出了提高那些富裕的同性恋者的利益，而是更多地考虑那些相对处于弱势地位的同性恋者的社会需要，这种规划可能也涉及社会资源的重新分配问题。

对于三个案例来讲，重要的是这样两种方式之间的权重问题。一种方式是，给某个认定的群体，提供分离的和可能隔离开来的服务或城市空间，以此作为认同这个群体的一种形式；另一种方式是，把给某个认定群体提供的社会服务和空间并入"主流"公共文化和空间表达之中（当然，"公众"概念本身可能需要定义，这本身就是一个政治问题）。当然，在社会服务供应上究竟采取"一视同仁"还是采用"区别对待"的问题长期以来一直是一个政策和政治问题。这种权重也出现在认同规划的决策规则上，我们在第四章中讨论过这个问题，有关规划资源分布的查验方式和跨群体方式。"一视同仁"可能是跨群体方式的愿望，而"区别对待"也许是查验方式的希望所在。正如我们已经提出的那样，没有可以包医百病的处方。在一个完美的世界里，对各种群体的需要和利益实时认同，得到充满创造性的和发展性的规划，若果真如此，跨群体的方式当然是最好的。允许人们拥有多种身份是有好处的，正如波特摩尔（2001）的线人对蒙特利尔圣劳伦大街的赞赏那样，一个多样的和包容的空间。当然，在城市布局不能得到适当改变的情况，需要因地制宜地使用查验方式和跨群体方式，既要有一视同仁的政策制定方式，也要有区别对待的政策制定方式。

第六章

规划中的邂逅概念

到目前为止，我们已经讨论了两个规划目标，重新分配和认同，这种规划寻求通过培育城市权来促进公正的多样性。正如我们已经看到的，重新分配和认同的逻辑都是针对不同种类差异而设定的。重新分配寻求消除"贫""富"差异，设想通过减少或消除因资源分配不公而产生的那些不公正的城市形式。认同寻求包容群体自身特征决定的差异，设想通过纠正那些没有认同需求和价值差异而产生不公正的城市形式。当然，我们已经讨论过的那些涉及重新分配和认同的多样性形式，并没有穷尽城市生活本身已存在的多样性形式。实际上，当这两个战略涉及城市居民（作为个人的市民和作为群体的成员）多样化的身份时，我们不应当把它们减少且归并到我们已经划定的分类系统中。如果这样做，我们就会在多元政策制定中忽略掉个别城市居民本身的潜力，忽略掉规划在提高城市居民机会方面的功能，因为每一个城市居民既要"变成别人"，也要"是他们自己"。与前面已经讨论过的问题一起，这一章我们要提出的是，这些问题也是城市规划和政策需要考虑的问题。城市生活既对我们有所限制，也使我们能够探索自己的不同方面，通过与其他人的邂逅产生出新的标志。这样，城市权也是一种邂逅的权利。在以下两章中，我们探讨把邂逅作为一个规划目标的案例。在这一章中，通过考察城市生活的不可预测性和复杂性，我们讨论作为城市规划社会逻辑的邂逅，特别是探索规划怎样可以促进城市和谐的方式，这种和谐的城市能够让分享这座城市的陌生人通过邂逅联系起来。与前面的章节一样，这一章的目标是讨论有关邂逅的理论模式，它可以用来形成一组"经验规则"，让规划给邂逅提供物质基础。下一章，我们再用案例进一步说明这个理论模式。

难道规划是为了无序？

在有关城市社会复杂性的当代规划评论中，我们常常看到这样的意见，我们需要计划较大的城市实验，以接受具有多样性和不可预测性的结果。例如，Ⅰ·M·杨（1990，pp. 238－241）主张城市政策和规划鼓励城市生活的四种品质：包容社会差异、多样性、标新立异和公开。这些品质都与城市生活内在的无序有关。包容社会差异是一个群体重叠和混杂、边界开放和不确定的问题（1990，p. 239）。街区土地使用的多样性很重要，因为它会"让人们走出家门，让人们有机会在街头巷尾邂逅"（1990，p. 239）。标新立异涉及"人们打破常规，通过与偶然相遇的人们进行交流，而获得欢愉和刺激"（1990，p. 239）。在公共空间里，城市居民"总要邂逅那些不同群体、不同观点、不同生活方式的人们"（1990，p. 240）。这里，正在展开一种新的规划逻辑：需要通过并不寻求消除城市生活中所有无序形式的规划，容纳人们之间的邂逅。

对容纳邂逅和无序的规划提出的异议常常是以批判重新分配和认同规划为基础的。例如，一定形式的重新分配规划没有注意城市中小尺度的、偶然的邂逅。J·雅各布的经典著作《美国大城市的生与死》基本上涉及的是城市更新项目（如我们在第三章中涉及的甘斯的观点）对城市生活的影响。雅各布认为，重新分配规划的主导模式低估了街区形式的价值，因为在人行道上所发生的社会交流在城市生活中具有重要意义。这些发生在人行道上的社会交流可能不多，无目的和偶然，但是，一个城市丰富的公共生活的发展可能正是来自人行道上社会交流的不大的变化（雅各布，1961，p. 72）。除开对城市街道生活的观察外，她对规划提出了这样的看法：

　　大部分的城市多样性是由无数不同的人和私人组织创

造的，他们的观点和目的存在巨大差异，是由规划和正式公共行动纲领之外的发明所创造的。只要公共政策和行动允许，城市规划和设计的主要责任应当是发展可以容纳多种非官方的计划、观念和机会的生机勃勃的城市，包括蓬勃发展的公共事业。如果城市内的地区能够很好地混合各种基本功能、合理布局的街道，不同年代建筑兼容并存和高度集中的人口，它们将是可以容纳经济和社会多样性的地方，创造它自己，并使自己的潜力得到最大的发挥（雅各布，1961，pp. 241 - 242）。

在雅各布发表这本著作的十年之后，R·森尼特谴责规划师迷恋于把城市发展控制在他们预先设定好的使用之中，他认为这种痴迷会产生恶劣的后果，社区居民不再可以直接地相互交往（森尼特，1970，p. 83）。

在这些对城市更新规划工作对重新分配产生负面影响的批判之时，还有一些新的批判也出现了，它们认为一定的规划形式从负面影响了认同。特别是多元文化的确定性形式（如我们在第四章中提到的），窒息了多样化的城市居民之间邂逅。在一些场合，一些分析家认为，多元文化主义从哲学上和实践上都过分强调了人们之间的边界。例如，A·图雷纳（2000，p. 187）发现，身份政治都是"单独以差异的名义"行动的，而不是以相互作用的利益行动的。他所批判的是群体身份的静态性质，他在对欧洲多元文化主义的一些形式的观察中发现了这个问题：

世界上……没有人化文化是真正孤立的，所有大陆的男人和女人，社会和历史发展的所有形式和阶段，都在城市的街道上混合在一起，在电视屏幕上混合在一起，在世界音乐的光盘上混合在一起，试图维护一个永恒的身份既是可笑的，也是危险的……所以，我们必须赋予这些融合和邂逅以积极的价值，融合和邂逅会让我们扩大自己的经历，使我们的文化更具创造性（图雷纳，2000，p. 182）。

图雷纳认为，一个成功的多元文化的社会是一个"由尽可能多的个人生活构造起来的"社会（2000，p. 181），是一个个人按照他们怎样接受与别人的相似和差异，进而设计自己的交流和相互作用过程中的社会。U·贝克（2002，p. 21）具有类似的观点。如同图雷纳，贝克反对多元文化主义这样的方式，"培养一个集体的人类形象，而在这个人类集体形象中，个人依赖于他的文化圈"（贝克，2002，p. 36），个人"避免了"改变他的身份。图雷纳和贝克对身份提出了一个动态的解释。他们批判了那些针对具体文化群体而提出的政策，建议制定一个向前进的政策，这种政策承认（和鼓励）个人通过在全球化城市中与其他人的日常邂逅而产生的个性。

这些对规划中（一定形式的）重新分配和认同的批判都反对，在处理城市生活中令人眼花缭乱的多样性和无序时，采用分离和禁止的战略方式。它们完全反对把一定的活动和群体限定和分离到预先划定好的城市区域内（这是城市更新的特征，跟一般地讲，这是"现代主义"的土地使用分区规划的特征）。它们还反对按照须先设定好的群体身份去划定人群。（这是确定性的多元文化主义的特征）。就分离和限定而言，这些批判建议，应当承认场所和人群固有的混合，把这种内在的混合看作是城市生活的条件。即是说，应当把场所看成是能够容纳多种不同活动的地方，而不是通过功能分离来规定的地方，应当把人看成是能够在不同情况下承载多种身份和特征的人。

在当代城市研究中，人们在批判产生分离和限制后果的规划时，越来越明确地使用国际化城市的概念。塔杰巴赫什（2001，p. xv）指出，"国际化城市的观念既背离了同质社会的幻想，也不赞成那种由相互排斥的民族或文化领地组成的城市，因为这种理想最终还是追求同质社会"。对于塔杰巴赫什（和其他一些具有相似观念的人，如桑德库克（1998；2003））来讲，理想的国际化城市既承认社会混合的存在，也认为社会混合的价值高于社会同质，以此挑战"民族或文化领地的意识"（塔杰巴赫什，2001，

p. 182）。面对当今人口、商品、观念和文化在全球范围内令人眼花缭乱的运动，国际城市的理想也是对城市生活日趋复杂的变化倾向的反应。这些运动还会进一步扩大人口和场所的多样性。国家和城市的"内在的全球化"（贝克，2002，p. 17）意味着，人们日益成为"场所的多配偶者"："他们与不同世界和不同文化的许多场所发生关系。跨国的场所多配偶者，同时属于不同的世界：这是人的生活全球化的门户"（贝克，2002，p. 24）。贝克的观点是，某种世界主义对许多人都是鲜活的现实，特别是在国际城市中更是如此。迪尔舍奇米特（2000）从他对伦敦人的研究中，得出了一致的看法：

> 人们所熟悉的日常生活，他们的归属感，他们同他人的富有意义的关系，都日益与他们的基本居住地和地方社区没有多大关系了。与此相关，人们在一个跨越地方边界的活动领域里努力产生和维持他们的社会关系，形成了一种补充的生活轨迹（2000，p. 17）。

城市生活中这种"场所的多配偶"的影响是深远的。特别是当人们的归属感日益超出了地方和社区，他们可能不是以地方和社区居民的身份，而是以"过路人"的身份，看待他们的地方和社区。当然，这意味着那些人们感觉到他们属于地方居民的场所也可以与那些认为他们不过是"过路人"的人们共同分享。从这个角度讲，过路人无规律地出现是城市日常生活的一种状况。任何认为通过分割和限制的规划就可以使城市生活完全可以预期和实现预定秩序的看法本身，就是"在向过路人宣战"（鲍曼，1995，p. 128）。

思考规划在包容混合和鼓励"过路人"之间的邂逅方面的作用时，有若干个有趣的关系需要探讨。接受和计划过路人的出现，其实就是接受和计划了城市中一定程度的无序状态。但是，有可能针对无序状态做规划吗？规划与无序是一对矛盾吗？我们承认城市规划在约束而不是鼓励容纳邂逅之类无序状态方面的供能，但是，我们坚持认为规划在容纳这种富有创造性和无序的邂逅中扮演着重要角色。如同雅各布（1961）、威尔逊（1991）、最近的桑德库克（2003）和基思（2005）所说，我们并不认为邂逅的空间与规划无关，规划所执行的是一种管理方式，国家是主要管理者。威尔逊（1991，p.5）在评论雅各布的著作时指出，如果城市管理部门不去规划城市街道，任其发展，城市街道及其相关活动可能处于混乱状态，在这种情况下，私人房地产市场和其他形式的"自由资本的开发"有目的的很好地去安排它们。威尔逊注意到，在雅各布的有着"丰富的街头生活"的地方所发生的是将改造为良好的中产阶级居住区的旧城改造，那里的街道曾经无人问津，没有规划，处于多样化的状态之中。事实上，就像 M·基思所说，我们发现从文明社会的角度讲，把邂逅的空间想象为完全不在国家或市场管理之下的空间是无益的。基思（2005，p.43）提出，"这样的空间基本上只存在于想象的城市生活中"。

现在，我们提出的，规划在培育那些容纳过路人邂逅的无序形式上扮演着重要角色的主张，产生了许多问题。当我们清晰地说明针对邂逅的规划时，考虑这样一些问题是很重要的，无序的尺度究竟可以有多大，创造性和有效率的邂逅究竟可以实现什么，在不同背景条件下，究竟谁会因为这类无序而受益和受到损害。最重要的是，针对陌生人之间的邂逅所做的规划要求我们清晰地说明，何为陌生人和邂逅，我们究竟如何考虑它们的价值。正如戈夫曼（1961，p.7）在他对"邂逅"所做的经典研究所指出的那样，如果我们简单地把邂逅定义为一种情形，在这个情形中，人们事实上同意维持一次单一的感觉和视觉行动，那么，邂逅显而易见地会有多种形式，我们并非要在促进多样性的形式中包括全部。"打牌，舞厅中的舞伴，手术室里的手术小组，拳脚相见的争斗，都是邂逅的例子"（戈夫曼，1961，p.298）：规划应当寻求鼓励哪些种类的邂逅？为什么？

重要概念：陌生人和交际

针对邂逅的规划有两个中心概念：陌生人（这项规划所涉及的个人）和交际（这项规划所涉及的陌生人之间的邂逅形式）我们在这一节中将首先讨论陌生人的特征，陌生人是针对邂逅的规划所设想的规划对象。同一的或相同属性的公民是重新分配规划的对象，一定身份的人群是认同规划的对象，独立的陌生人是处于邂逅规划中心的个人，然后，我们将考察邂逅规划所要实现的发生在特定地方场地上的交流或交际形式。

陌生人

正如我们已经看到的，在理论化邂逅在城市生活中的重要性时，陌生人的形象是一个关键。实际上，疏远是城市生活的一种状态，产生于城市居民无休止地流动（参见塞尔托，1984；鲍曼，1995；迪克科，2002 的例子）。城市居民不停地运动着，在城市之间，在城市里，以满足每日的各种需要，工作、休闲、看病、学习、购物、吃饭等。这样，从一个意义上讲，在某时某刻某个地点上，"我们"都是陌生人。没有哪个地方没有陌生人，因为所有的地方都充斥着不同社会关系的人们，"这些相互关联的社会关系构成了每一个地方的现实"（奥尔布罗，1997，pp. 47 – 48）。对于一些城市理论家来讲，这种疏远状态确定城市生活。例如，I·M·杨（1990，p. 240）把城市生活定义为"陌生人聚集在一起"。R·森雷特（1994，pp. 25 – 26）则说，"城市把不同的人聚集在一起，增加了社会生活的复杂性，让人们相互之间显现为陌生人"。

但是，我们说城市居民处在陌生感的状态中并不意味着每一个人都以同样的方式经历着这种陌生感的状态。当我们说"我们"都是陌生人时，是就一个层次而言的，当我们考虑到城市居民各不相同的运动经历时，情形就开始发生变化了。事实上，城市人口通过不同的流动而分出层次来（鲍曼，1995，p. 130）。就一件事而言，用于流动的资源并不是平等分享的。做移动到哪里和什么时候移动的选择也不是没有约束的，例如，有些流动是被迫而非自愿的（例如，迫使领取失业福利的人们去寻找工作），对于一些人，一些路径可能受到限制，而对其他人则不然（例如，用来管理"经济移民"在国际城市间移动的边境管制和要求）。

进一步讲，不同的陌生人不仅有不同的运动机会，而且，在不同情况下，不同陌生人获得的社会服务也有着巨大的差异。当某些人被那些声称具有"主人"身份的地方上的人看成陌生人时，他们可能以不同的方式产生陌生感（迪肯，1998）。有些陌生人受到热情欢迎，他们的特殊属性被认为是新奇和希望的。即使这样，这种欢迎可能也会采用淡漠和有分寸的形式——也就是说，当一个地方表现出接受陌生的人们，包容多样性时，"眼前的多样性并不能够刺激人们相互沟通"（森雷特，1994，p. 357）。另一方面，有些陌生人可能被当作令人厌恶的陌生人，没有"城市权"（德奇，1999，p. 176）。例如，在一些地方，种族主义者对一些穿着特殊民族服装的人们的态度就是如此，这种情况在城市里司空见惯。这种存在敌意的反应常常伴随着社会成员希望通过设定边界，克服城市生活中的冷漠特征，他们认为这些边界可以产生和谐、一致和相互之间的理解（杨，1990，p. 229；参见唐纳德，1999；德奇，1999；塔杰巴赫什，2001）。

有些城市居民可能处于十分幸运的位置，成为"都市生活的鉴赏家"，他们在城里转悠是为了"碰到陌生人并以陌生人的方式或选择感觉到舒适的方式与之交往"（迪尔舍奇米特研究中就有这样一个人，2000，p. 150），当然并非所有的城市都如此幸运。实际上，我们说所有的城市居民都是陌生人，当然不是说所有人都是"闲荡的人"——他们自由自在地闲荡在这个 19 世纪的巴黎，欣赏城市每天都可以看到的"美"，街道、工厂和城市历史遗迹的"美"，蕴藏在街头巷尾看似平淡无奇的生活中的"美"，除此次之外，别无他求（威尔逊，1991，p. 5）。疏远与隔阂的经历千差万别。为了了解这些不同的经历，规划的任务就是要发现和提供机会，让陌生感向积极的方向转化。这并非要我们每个人都变成（像是）"街坊"，而是让我们都有机会在城市里成为一个"陌生人"，全方位地经历城市生活。让城市居民能够在城市里和城市之间随心所欲地自由行动，带着他们自己相对固定的社会群体成员的身份，与他人邂逅，"感受这个社会的多样性，感受这个世界的偶然性"（迪尔舍奇米，2001，p.183）。对此，城市规划能做什么？

我们要强调的是，这不是一个要求所有城市居民都向陌生人"展开双臂"的问题。我们也不去争论有所区别地对待我们邂逅的陌生人一定就是不道德的这样的命题，仿佛我们只能把任何一个人当作"陌生人"，而不能对具有不同特征的人做出区别对待。那些被认为是好的国际城市的形象中都有这类开放的倾向，来了就是客人。对于我们而言，对待陌生人的方式应当有所不同。陌生人之间（不是漠然或没有敌意）的邂逅的确是城市生活的美好目标，所有的城市居民都有机会通过日常生活中的多种情形和人，去感受这个丰富多彩的社会。当然，我们认为这种邂逅最有可能作为致力于实现共同目标的结果而发生，而不是作为那种在道义上对陌生人"相逢一笑"的结果而发生，对陌生人的"相逢一笑"表明我们都在欣赏"陌生感"。换句话说，我们不能指望城市居民，或者以他与陌生人的共性（一个社区朋友）为基础，或者他在陌生人毫无共同之处（素陌平生）的基础上，与陌生人邂逅，我们相信，邂逅是通过标记而发生的，标记以不同的情形区别日常的相互作用。正如劳里埃等所说，在城市理论中，"陌生人"有特定的含义，我们不应当认为"陌生人"是一个能够在一般城市相互作用中使用的概念：

> 城市里的人们相互交谈都是有着特定关系的，顾客和售货员，乘客和司机，等车的乘客，咖啡厅和酒吧的顾客，旅游者和当地人，乞丐和过路人，凯尔特的粉丝，借火的吸烟者，邻居（劳里埃等，2002，p.353）。

容纳邂逅和混合是一个增加人们机会数目的问题，这些机会让人们在不同境遇下以不同的标记与他人邂逅。这些标记和他们经历的邂逅可能是转瞬即逝的，但是，它们使所有人都有机会在不遭到拒绝或冷漠的情况下感受"陌生"的实际资源。例如，正如我们将会在下一章中看到的那样，在图书馆报刊阅览室里，有着各式各样的读者，年轻人，老年人，无家可归者，他们都有一个共同的标记——"读者"，这个标记允许他们每一个人都可以环顾四周，相视一笑，而不再预期社会身份相关。这里没有是无家可归者还是读者的问题，只有既是无家可归者也是读者的问题。这样，针对陌生人之间邂逅的规划是在城市生活创造出一种交际境遇的问题，各种各样的人们在那里为了共同的项目、活动和愿望在一起。这种共同的标记不会完全把他们归并到"市民"或"群体成员"这些固定的社会身份分类中去（尽管这类分类是不可或缺的，我们在前一节已经探讨过其理由）。

交际

交际是我们在有关地方规划的建议中寻求的邂逅状态。交际的意义超出了在公共广场和空间里人们之间的自由交往，超出了在没有什么明确目标的闲逛之中偶然遇到陌生人时所产生的愉悦。我们所说的交际实际上是有一定愿望或目的的邂逅。这种形式的邂逅可能十分脆弱，常常转瞬即逝。依赖于它们存在的一定境遇，在那种境遇下，城市居民能够通过共同的活动拥有共同的标记（除开他们的社会身份）。通过这种邂逅而出现的交流当然有别于有共同身份表征的"社区"。P·吉尔罗伊（2004，p. xi）指出，交际是引入了区别'身份'这个术语的一种办法……让交际得以完全的开放对于严密的、固定的和具体的身份没有意义，这种完全的开放把注意力转向了标记经常不可预测性的机制上。这样，交际的概念提出了一个实现城市邂逅更为社群主义的框架，如"社会凝聚"、"社会资本"，两者都倾向于永恒的关系，通过共同的价值建立起契约。

为了进一步说明交际的概念，让我们首先看看 I·伊利赫的观点。30 多年前，伊利赫（1973）在讨论交际概念和如何让它得到使用时，把"交际社会"看作是这样一种社会，工具和技术都是由个人控制的，而不是由大的和有权利的组织控制的。有目标的个人决定他们自己的命运，自己选择需要使用的技术和工具。伊利赫反对专业人员在做事情的方式上独断专行，当然，也反对大的公司和机构控制人们的积极性。他回避了专业知识，提出对"'比较好的知识'的过分自信成为一个自我实现的预言。人们首先放弃对自己判断的信任，然后要别人告诉他们已经知道的东西。"（伊利赫，1973，p. 86）。他把个人看成是能够解决他或她与其他一同工作和进行社会交往的人们的差异和相似的人。这种看法与贝克和图雷纳的观点相似。伊利赫显然采用了交际相互作用的角度，但是，他所讨论的是个人在生产性活动中如何做出自己的选择这样一个问题。如果把他有关交际的看法从市场和国家体制问题上转移到市民社会上来，他的观点对于我们说明规划在容纳邂逅方面的角色具有特殊的启发意义。

杰出的规划师 L·皮蒂最近还提到过伊利赫的观念，说明了如何把这些观念用到公共空间规划和社会活动上。她把伊利赫提出的交际观念解释为不同于"社区"的一种观念，交际承认"在许多有目的的活动中产生出来社交性欢愉"。在社区这个概念中，通常把人们的相互作用看成是分享长期发展的利益，而交际强调的是人们"改造他们的世界"，人们是具有创造性的，哪怕微乎其微（皮蒂，1998，p. 247）。皮蒂在她的讨论中还包括了交际众所周知的意义，常常酒醉饭饱的社交活动。她指出了规划能够使用交际这个概念的方式：

> 交际不一定人多：与朋友一起喝咖啡的那个角落，就要变成花园的空地。但是，交际必须有某种物质基础——形状适当的角落，一块空地和一对耙子——同时，还必须有允许它发生的规则。不能强迫交际，但是，适当的规则，适当的

场所和空间规则能够鼓励社交。这些都是规划领域的事情（皮蒂，1998，p. 248）。

皮蒂强调的事情之一是，确有"第三空间"存在——咖啡店、社区或（社会服务或慈善机构为民众开办的，兼咨询服务的）活动中心、酒吧、甚至邮局和杂货店——它们既不在家里，也不在工作场所，让你消磨时间，允许社交和交友（1998，p. 249）。正如皮蒂所说，交际能够发生在多种场合，或多或少有些约束——即是说，或多或少有些排斥性。公共空间里的街头节日是无拘无束的。当然，我们可以在公共广场附近找到咖啡店，但是，我们必须付费才能得到服务。在这些第三空间里进行交际受到经济限制；皮蒂注意到，商业和交际之间的关系是重要的和变化的。还有一些聚会不属于交际概念的范畴，例如政治会议，幼儿园的联欢会。

"交际"的概念也能够进一步与英国最近就本国多元文化未来的讨论联系起来。例如，A·阿明（2002）提出，陌生人之间有成效的和不同文化的相互作用最有可能对"小规模公众"产生影响——即通过有目的和有组织的群体活动，如工作场所、学校、社区组织，人们可能通过交流而去追求共同的目标，这些活动并不涉及到民族身份和民族差异。P·吉尔罗伊（2006，p. 40）提出了类似的观点，英国城市居民在日常生活中参与这些场合和活动非常普遍：

> 交际是一个社会模式，在这种模式中，不同的城市群体坐到了一起，而他们自己种族的、语言的和宗教的活动——民族极端主义者认为他们必须有这样的活动——不能把不完整的经验聚合起来或者不能克服交流上的障碍。

换句话说，"机构的、人口的、代际的、教育的、法律的、政治的共性和选择出来的话题推进了交际"（吉尔罗伊，2006，p. 40），正是这些话题产生和维系了除开固定身份分类（如种族）之外的情境标记。如同伊利赫，吉尔罗伊赞扬城市居民的能力，他们能够一起工作，在不同情境下相互发现对方，对种族上的差异和相关的隔膜发起挑战。如同皮蒂"第三空间"的概念，阿明的"小规模公众"的概念让我们寻找规划能够提高和发展交际场地的方式。

除开伊利赫和阿明所讨论的那些比较有目的的邂逅之外，迪尔舍奇米特（2000）还描述了相互不干涉类的交际，如邻里之间寒暄，也是交际。交际性的邂逅常常发生的很偶然，相对独立。迪尔舍奇米特（2000，p. 155）认为，在城市里，近邻之间的交往十分重要。这意味着以邻为乐，见面点头寒暄，当然，与之接近的基础是"礼貌性的不经意"或"互不干涉"。这种社交形式能够发生在第三空间里，只要那里是人们经常闲聊的地方。也许最好使用"接触"这个术语来表达这种邂逅——在许多情况下，规划难以对其做出什么，除非真有人指责当代政府的"城市行为"。

德拉尼（1999）以在 20 世纪 90 年代后期时代广场的改造怎样威胁到了一些群体为例，对纽约市的"接触"做了一个精致的描述。他认为，在超市里闲聊，与那些经常相遇的邻居们寒暄，这类不同社会阶层间的相互交流，都是健康城市的重要成分。当迪尔舍奇米特描述那些在大街上闲逛取乐的人时，他显然认为，我们不能把这类交流看成是偶然的和没有选择的，因为我们会选择住在那里，在那里购物，到那里散步。德拉尼认为，一些城市改造摧毁了不同社会阶层的相互交流：这就是他对时代广场改造的评价。多伊彻（1999）同意德拉尼的观点，在改善城市"生活质量"的口号下所执行的多种减少差异的城市改造是危险的。按照德拉尼的看法，时代广场的改造与我们在第三章中讨论的 20 世纪中叶的城市更新别无二致：

> 现在对时代广场的改造与奥斯曼男爵当年对巴黎的改造相似。如同奥斯曼的巴黎重建，时代广场的改造也是由许多小部分组成的，如拆除相当大面积的建筑、商业和生活空间，永久性地改造掉 20 多个剧场聚会点，以及计划在今后（1997

年5月）3个月内再拆除6个以上剧场。随着这个社会实践综合体的逝去，影响到每年成百上千的人们之间的接触，他们中间有男人，也有女人，有当地人，也有游客。

德拉尼在他的著作中特别对清除街头男女性工作者接触机会提出了他的看法。我们在第五章中曾经讨论过沃纳（2000）对此变化的看法。对于不同的人，接触可能意味着不同的事。对于一些人来讲，时代广场的改造提高了妇女的安全，德拉尼的看法是，总是会有妇女在那里生活、工作和路过。目前对此不满的意见恰恰来自那些正在被赶走妇女，她们有着不同的社会阶层背景。

如果我们认为，创造场所是一种规划工作，旨在给地方居民提供邂逅的公共场所，接触和交际的公共场所，那么，有关人们之间和群体之间是否和怎样发生接触和交际就十分重要了。以上我们已经讨论过的有关接触和交际的意见都特别强调，在城市生活中，需要给那些有固定身份的人们提供建立他们与别人在特殊情境下的临时性标记的机会，以便他们与"陌生人"进行短时间的邂逅，或者进行有目的的活动。在城市大型公共场所的接触性和交际性的邂逅不是无拘无束交流的简单问题。正如皮蒂（1998）所说，尽管我们从理论上乐于消除掉所有的排斥性，事实上，所有的邂逅都有某种约束。这就是我们需要针对重新分配和认同的规划给予帮助的地方，我们要分析针对邂逅而制定出的所有规划措施的意义。重新分配的问题要求我们寻找不同社会阶层间进行接触或交际的可能性，例如德拉尼所发现的那些在一些美国城市改造中消失掉的可能性。群体差异和身份的认同问题要求我们考察我们正在针对什么人做规划，常常是陌生人的那些人实际上究竟是谁，我们是否适当地"了解"了他们。在第三章讨论过甘斯有关20世纪50年代波士顿城市更新的观点时，我们曾经强调过，我们了解一项规划所涉及的人是十分重要的。这里同样有这个问题。

决策规则和交流：通过邂逅创造公正多样性的方式

我们在这一节讨论这样一个问题，什么样的"经验规则"和交流可以用在"陌生人"之间交际性邂逅的规划中，从而给那些处于共同活动和劳作过程中的人们提供相互认识的机会。正如我们在前面的章节中所提出的那样，在不同背景条件下，究竟什么决策规则和交流是适当的。通过以下讨论，我们会发现，制定针对邂逅的规划也会遇到与重新分配认同相关的问题。

正如我们在第二章和第四章中提到的那样，决策规则是专门规划措施形式的说明。决策规则指出了怎样去理解一种情形，提出处理特定问题的各种方式。在第二章的例子中，我们已经看到了有关公用设施空间分布和把社会资源重新分配给特定收入群体或街区群体的决策规则。这些都是旨在通过规划重新分配公共资源，实现社会公平的决策规则。在第四章中，与针对认同规划相关的决策规则，既要清晰地辨认出"群体"和确保他们的利益在规划决策中得到体现，也要选择通过寻找跨群体而不是单一群体的方式约束特殊的单一群体标记。在这一节中，我们要提出三个决策规则，以容纳接触和邂逅的交际形式。当我们把邂逅看成人们面对面的相互作用，并且有形地发生在一个地方时，这些决策规则常常适合于地方层次（不包括网络和其他远距离交流，这类在虚拟空间里发生的邂逅可能不是城市规划师可以企及的）。当然，"地方"的解释和尺度会依据背景有所不同。优势是邂逅规划可能涉及一个特定建筑或组织内的社会和空间安排；而在另外一种情况下，邂逅规划涉及的空间尺度可能是街道或公共交通网络的线路和车站。

我们要提出的第一个决策规则是：提供多种社会和经济的基础设施。关于针对邂逅的规划，我们讨论的是聚会场所的规划——用于聚会的地方和情境（如社会服务或慈善机构为民众开办的，兼咨询服务的活动中心），或在那些基本上用于其他目的的基础设施上发生聚会的情境（如公共图书馆或公共交通场所）。建设地方基础设施可能是为了供各式各样的人们使用，或者让某个特殊群体在一定的时间里使用，并对跨群体互动有所限制。人们能够看到特殊的或一般的陌生人。所有这类基础设施需要规划——针对邂逅的规划决策之一是在指定的地方场所安排邂逅。

K·肖（2005）对欧洲（和澳大利亚）的情况做了研究，能够容纳艺术家和其他"创造性职业人士"之间邂逅的场所正在衰败，当然，内城地区的确还有这类场所。历史遗产保护和规划规则允许特殊群体成员有目的的和交际性的（在伊利赫所说的意义上）在内城地区聚会，形式相对"松散"，有一定的区域界限，相对的没有控制措施。

在许多地方，正在衰败的内城地区的非主流文化受到了来自城市改造和其他形式的城市再开发的约束。但是，那些地方长期以来一直是人们习惯的交际性邂逅场所，音乐家和其他艺术家、一些购买艺术品的购物者和猎奇者以路过那里的方式进行交流。如果我们把这些非主流文化的参与者看成一个群体，认定他们的非主流文化身份，那么我们必须知道，这个群体不小，而本身又是极其多样的。肖认为（2005，p. 151）：

> "情境"的概念可以简单地把非主流文化表达为不仅仅包括主持者、参与者、观众、支持者和产品需要的设施安排，还包括特殊形式（音乐、电影、表演艺术、文学、美术等）之间的衔接。

这个非主流的"情境"还有比地方尺度大得多的网络，尽管它的根基是在地方场所。尽管政府担心这些发生在中心城市里的创造性活动地区，但是，柏林、阿姆斯特丹和墨尔本的政府还是希望保留这些活动，这不仅仅因为它们的文化产品，还因为它们吸引了猎奇者到城里来。这就要求制定战略规划保持这些设施可以承载这些活动，即使这些内城地区正承受着再开发的巨大压力。（如果我们强调这些可承受设施要能够满足需要，那么就要求执行第一个决策规则。）这条决策规则清晰的定位必然要求规划师做出具体的开发和执行规划。

我们利用肖（2005）对阿姆斯特丹"布雷丁场"项目的案例研究来说明这类决策规则和支撑性交流。这种交流能够促进和巩固参与者在一个非主流的内城情境中经常邂逅。通过街头艺人和艺术家的活动，人们逐步认识到，用于非主流文化的适当设施正在从阿姆斯特丹的市中心淡出。市政府得出这样的结论，没有"文化收容所"，这些文化形式将会消失掉。这样的场所对于创造（和我们说的邂逅）是必不可少的。肖（2005，p.161）引述了阿姆斯特丹市政府最近的报告：

> 正是这种住宅、工作场所和工作室的结合常常成为新艺术和文化创新的孕育基地。他们在创作的同时，还把色彩和活力带给了城市。没有这些文化收容所，像阿姆斯特丹这样的国际化城市就不复存在了。

> 布雷丁场项目希望到 2005 年能够给阿姆斯特丹内城引进或维持 2000 个生活和工作空间。通过从私人或公共房地产业主那里以（协商的）最低价格购买现存的"布雷丁场"（非法使用的房屋，它们的前途渺茫）……然后以大量补贴的价格，把这些房屋卖给或租赁给艺术收藏家和非商业性的文化企业——小规模的，基本上是文化导向的活动，包括视觉艺术家和表演艺术家的企业。

当然，对于如何使用这些建筑有规则约束，文化艺术工作者在满足这些条件的情况下能够在那里工作和生活——这些条件保证了这些空间不会变成给商业上成功的艺术家的补贴场地。这就引入了我们的第二个决策规则：鼓励在这些场地邂逅的利益攸关者或参与机构。这个决策规则所要求的是，在规划中，建立起使用这些设施的一般愿望，但是，允许参与这些相互作用的人们形成他们的互动，按照他们自己的需要使用这些设施或空间。允许在有序和无序之间维持一定的度。阿明和思里夫特（2002）提出过这种观念。在"布雷丁场"项目中，规划师提出了宽泛的愿望，当然，他们尽量避免对效果的微观管理，因为参与者决定效果。肖曾经采访过一个"布雷丁场"项目管理的参与者，他对这些条件如是说：

> 必须满足一定的标准——他们的收入必须限定在一定水平，并必须证明他们的确是在某个艺术领域和文化产业里活动。除此之外，其他规定相对宽松。我们正在创造能够让文化产业持续下去的条件。有关这些建筑里究竟在艺术上发生了什么，我们不干预，留给他们自己的群体去解决（肖，2005，pp. 163–164）。

这些一般决策规则接受了皮蒂的观点，需要通过规划为交际提供形体空间。正如伊利赫、皮蒂和吉尔罗伊所说，这里承载的邂逅形式是交际——交际是有收益的邂逅，个人做出决定，设计自己的活动形式和收益。正如肖所说，正是规划建立了比较宽松的规则，让个人和群体去组织他们自己的事情，给他们留下"变化的空间"。在这个规划所支持的邂逅中，个人有能力计划他们自己的事情。

拿阿姆斯特丹的"布雷丁场"项目与纽约最近更新改建的时代广场相比，纽约时代广场的改建是建立在"生活质量"政策（或规划决策规则）之上的。对此持批判态度的人们认为，这项规划决策规则产生了"消极的严重后果"，因为它把一些"不同的人"（一定的陌生人）排除在这个地区之外，这些居民和生意人发现他们无望继续留在那里或者不再适合于留在那里（多伊奇，1999，p. 197）。改善公共安全常常是这种"生活质量"说的基础。当然，我们同意，安全问题的确是针对邂逅而制定规划时需要考虑的关键问题。如果城市环境适合于邂逅，邂逅者一定不会担心他们的安全完全受到威胁，尽管存在一定风险和不确定因素。但是，从"交际"角度而不是"社区"角度看，安全概念有所不同。这就导致了我们的第三个决策规则：从形体上和社会环境方面，为互动建立一个安全和透明的空间（当然，创造这样的空间应当尊重当地人的意见）。

为了说明规划师如何从交际的角度考虑安全问题，我们来看看韦克勒和惠特兹曼（1995）对加拿大自20世纪90年代以来设计妇女安全城市的研究。这个案例采用了创造安全和透明空间以促进邂逅的决策规则，鼓励地方利益攸关者运用自己的知识设计这类空间。他们承认妇女对城市街道和公共场所的安全有所担心的现实，承认这种担心限制了邂逅，所以，他们采用了比较广阔的视野看待这个问题，通过更有效地规划整个地方环境，提高城市安全。这种想法起源于J·雅各布（1961）的观点，社会活动和城市街道上经常被人使用的第三空间能够有效地产生安全环境。这种想法从正面角度看待妇女的城市生活，她们应当走出家门，不要因为担心安全而限制了她们出外购物，仅仅与家人待在一起。这种看法得到了正面的回应，并使规划师和地方居民能够通过安排他们的城市环境，增加公共空间里的活动，促进人们之间的邂逅。这个决策规则提出了一组非常实际的战略方式执行这类任务。

这项工作提醒我们注意的是，邂逅不仅仅只是消磨时光的事情——参加公共场所的街头节日活动，工作之余泡酒吧，或者到城市新开发的地方闲逛时遇到陌生人。邂逅也是日常生活的一个部分，因为邂逅发生在购物、旅行、社交和工作之中，发生在那些微型公共空间里，对此我们已经讨论过。韦克勒和惠特兹曼（1995，p.3）描述了限制邂逅发生的对犯罪的担心：

> 对犯罪的担心让人们远离街道，特别是夜晚天黑以后，公园、广场和公交车站等地方。对犯罪的担心实质性地阻碍了人们参与城市公共生活……妇女最为担心去洗衣房，使用公交车，步行经过酒吧、公园或空地等不能躲开的地方。对于许多妇女来讲，这些都是日常生活中必要的活动。因为担心犯罪，妇女常常只能限制自己的活动。她们晚上不外出，不去上夜校，不去杂货店，不去看朋友或做社交，不再打夜

工。这种担心导致许多妇女孤独地待在家里。

　　显然，如果规划通过改善人们在社会上从事日常活动、接触和交际的环境，就能够帮助减少人们对犯罪的担心。为了形成一个有关规划如何帮助减少对犯罪的担心和增加妇女在城市里的生活能力的前瞻性和积极的舆论氛围，韦克勒和惠特兹曼提出了"安全城市"的概念，以此作为对增加"法律与秩序"和"社会治安设防"这类标准减少犯罪方式的另一战略。地方居民与规划师配合能够通过创造安全空间的方式改善他们认为不安全的感受。通过执行安全城市的战略，增强地方居民对他们日常生活中的暴力和犯罪状况的深入了解，知道如何解决他们所在地区的问题和制定何种规划，使地方居民成为城镇管理机构的合作者。

　　从我们以上列举的第二个和第三个决策规则出发，韦克勒和惠特兹曼制定了实现安全城市愿景的实践指南。这个指南按照三原则的方式组织，用于那些典型的"不安全"城市场地。规划安全城市环境的三条指南（可以认为它们比较具体的决策规则）是：(1) 环境使用者应当发现，他们身处其中的环境特征易于辨别，视线清晰，照明充分，可以明确知道这个场地中发生的一切。(2) 这个场地的使用者应当可以相互看见。(3) 这个场地应当由各类帮助措施存在，如避难线路、呼救帮助的方式（如报警设备），清晰的标志。典型的"不安全"场所包括交通场地，如停车场、孤立的汽车站、步行过街地下通道；商业场地，如夜晚人迹稀少的购物街和购物广场；工业园区和场地，通常在晚上空空如也；公园；住宅环境不同的居住区；大学和学校校园。这些场地的共同特征是，引起人们对犯罪的担心，安全问题在规划中应当引起特别注意。韦克勒和惠特兹曼认为，如果安全城市的规划能够把原则用于这类"不安全"场地，那么这就是建立安全城市的好的开端。推进发展，减少犯罪，邂逅便能够得到安全保障。在城市环境中，设计比较可视的环境通常伴随着鼓励能够成为"活动生产者"的那些土地使用方式。在对 J·雅各布（1961）所描述情境的回忆中，韦克勒和惠特兹曼说：

> 能够吸引多种群体的生机勃勃的城市空间可以认为是安全的场所。然而，许多城市空间缺少生气和活泼的感觉。活动生产包括，在公园里增加娱乐设施，在原先的产业地段增加住宅，在办公建筑外设置户外咖啡座椅等设施。这些活动生产者可能包括混合的土地使用，规模虽然不大，却可以高强度地集中安排某种使用。增加活力常常需要规划不同的土地使用和设施的使用者，而不是设计变化。产生活动的目的是增加注视大街和开放空间的"眼睛"：通过更多的人出现在那里而增加场所的安全性。活动制造者不能孤立运行。如果住宅是孤立且没有公共服务，那么仅仅在商业地区增加住宅是不够的。如果在巨大的停车场里单独建立一个热狗小店，这只能是增加热狗店老板的担心（韦克勒和惠特兹曼，1995，p. 46）。

韦克勒和惠特兹曼最后的意见实际上提出了另一个重要观点，能够全方位思考建筑环境中所有介入者的安全城市的规划乃至邂逅规划，一定最成功，而对那些功能不佳和引起犯罪担心的现存建筑环境进行重新设计的安全城市的规划乃至邂逅规划，成功的可能性相对小。

现在，对这种方式和寻求减少妇女对城市环境担心的规划的认识并非一致。沃森（1991，p. 10）提出了一个女权主义者的观点。她发现，强调为城市妇女提供"安全、福利和保护的需要"正在给"大部分城市规划的专制传统"贴金。进一步讲，这种观点是反城市的：

> 有必要强调城市生活的另外一面，坚持妇女对色彩缤纷的城市、令人目眩的城市、甚至有风险的城市的权利。当然，只有在理想城市和职业妇女那里，才有可能在城市带给妇女的快乐和危险之间实现平衡，城市生活已经解放了妇女，让她们的生活超出了乡村生活和郊区的家庭生活，尽管充满了

困难，只有在作出这样的判断时，才有可能在城市带给妇女的快乐和危险之间实现平衡（沃森，1991，p. 10）。

针对沃森的观点，公正地讲，韦克勒和惠特兹曼提出的那种安全城市比起沃森设想的城市更能让妇女受益，因为那些规划不良的城市环境的确让妇女"不安全"。除开对妇女是城市的受害者和城市中特别容易受到惊吓的群体这种观点的批判外，其实还有许多分析文献认为安全城市的设想还是有益和有力的。例如，卡拉斯和邱吉曼（2004）考虑了如何把安全城市设想用到以色列的城市。他们发现了加拿大正在使用的建设安全城市的政策和战略，当然，这些政策和战略都是源于韦克勒和惠特兹曼对多伦多经验的报告。把这些项目应用到以色列城市的可能性是有限的，因为那里的许多群体具有家族性质，加上城市安全中并入了国家安全问题，这就意味着有关妇女安全这类地方问题的政治利益受到限制。尽管如此，卡拉斯和邱吉曼还是从加拿大的经验中总结出了一套建立地方安全城市的推荐意见，认为地方利益攸关者需要有远见卓识，而不是从一开始就对这个问题不屑一顾。加拿大的肖和安德鲁（2005）从互动环境的角度评价了安全城市的设想，实际上，在防止犯罪问题上，人们很少注意互动环境中的性别问题。与仅仅关注防止妇女受到家庭暴力侵扰的方式相比，他们发现，安全城市的设想很具远见，涉及范围更为广泛。他们认为，安全城市战略的特别之处是，寻求在草根组织和地方政府之间在决策上的合作。肖和安德鲁特别赞赏制定地方安全城市方案时采用的革新方法——与妇女（女人比男人更乐于谈论她们的担心）一道步行勘查现场，以发现她们恐惧的地方，得到她们的解释。这种方式是设计和改善地方环境的地方专门意见的好方法。伊利赫（1973）也说过，应用地方知识而不是依靠"专家"意见，是制定政策和措施的一种方式。

我们已经讨论了三个有关针对邂逅制定规划的三个决策规则（和支撑它们的各种意见）。在阿姆斯特丹，我们已经看到了应用这些决策规则的规划实践，这个规划提供了多种基础设施（特别是经济适用房屋的建筑及其场地），以保持阿姆斯特丹市的非主流文化事业。这个规划还支持了那里的利益攸关者，允许参与者"有空间做自己的事"。在多伦多和其他一些地方，为了规划更为透明的空间环境，建立针对妇女的安全城市，地方个人和群体致力于给规划设计提供他们特有的地方知识。在这两个案例中，城市生活中接触和交际的价值得到了承认，同时，不同群体和个人间邂逅形式的价值也得到了承认。以"生活质量"为口号的城市重要公共场所的更新案例中，评价方式可能是不同的，它涉及了从新的中产阶级的消费场地中清除掉那些不被看好的陌生人。正如我们在第二章和第四章中所看到的那样，针对邂逅的规划要求规划师清醒地保持对重新分配和认同价值的认识，同时，在实践中追求这些价值的实现。

小结

尽管邂逅似乎是一个不能规划的东西，在主张减少政府干预的新自由主义舆论甚嚣尘上的时期，有关邂逅的讨论应该在有关城市的讨论中处于更为显赫的位置，这也许并非巧合。尽管人们对邂逅感兴趣，但是他们中间可能没有一个人会选择用邂逅作为推进城市权的城市规划战略，当然，在他们的政治思考中，还是主张减少政府规则，让事件和活动去决定它们自己的形式和发生的空间位置，也就是说，让市场决定城市发展。这的确是那些主张用公私合营的方式实施特定开发项目的政府使用的战略，他们当然不主张用公私合营的方式来制定整个地区的战略规划参见桑德库克和多韦，2002，有关20世纪90年代墨尔本情况的说明，当时，那里正在执行反规划的战略。在考虑邂逅这类问题时，规划导向（而非市场导向）的解决办法很难做出恰当的指令。阿明（2002，p. 131）提出："有一件事是清楚的，不能给目标下指令或建立一个终极法令。但是，这并不意味着我们把所有的事情都留给现行的政治制度去处理。换句话说，我们需要规范性地非规范性。"与此一脉相承，基思（2005，p. 170）希望已经找到了一种方式"规划国际化都市，寻求对城市变化的政治和城市规划师的观念做出调整"。正如我们已经提到的，基思谨慎地接受了规划应当以某种方式与国家和国家行政管理体制脱钩的观念。

我们已经说明了地方导向规划的一些例子，它们把邂逅看成是城市生活的鲜活的成分，使用规划的方式和方法（我们所说的决策规则）扶植邂逅。在阿姆斯特丹的"布雷丁场"和多伦多的"安全城市项目"中，参与各种形式邂逅的地方居民决定他们如何参与规划和如何对此做出反应，这一点是十分关键的。在以"生活质量"为基础的城市改造中，市场的力量替代了公共的规划，中产阶级的消费行为成为首先关注的东西。这一点是清楚的，针对邂逅的规划集中关注的是地方问题，由地方确定，即使我们承认，邂逅的参与者十分广泛，他们可能在利用邂逅场所时各怀各的目的。

21世纪的头几年在担心恐怖主义的大气候下，"向恐怖主义宣战"已经成为一种国际社会的共同行动，这样，城市里的陌生人和邂逅问题有了全新的政治化的倾向。韦克勒和杰克逊（2005）已经列举了西方国家的城市所进行的反恐怖主义的各种方式，特别是美国。正如韦克勒和杰克逊所分析的一样，已经存在的涉及城市治安和安全的项目都在反恐怖主义的大伞下：

> 在地方上，20世纪90年代出现的集中在城市地区社区犯罪防范的项目已经转变成为反恐怖主义项目。由"国家城镇治安协会"在1972年发起的自愿行动"邻里关照"，现在也成了市民监控恐怖主义活动的一种方式。密西根预防犯罪协会现在也把安全家庭和安全社区项目与反恐怖主义行动结合了起来（韦克勒和杰克逊，2005，p. 43）。

在政府舆论和使用各种限制措施煽动的让人担心的政治气候下，出现了许多对"另类人物的妖魔化"。韦克勒和杰克逊引述了

S·格雷姆的说法，布什行政当局"向恐怖主义开战"使城市的国际城市化发生了问题，也使美国城市许多街区和社区"混杂的跨国身份"成为了一个问题（2005，p. 36）。以阿姆斯特丹"布雷丁场"项目为例的那些促进邂逅的做法，城市理论家所推崇的"无序"，都将在规划中受到限制，这样，"究竟限制什么"本身就是一个问题。有些舆论把多样性和持不同意见者看成是不爱国的和需要加以限制的人，所以，推进与此相反的舆论就具有了战略的重要性。

即使在现在的政治气候下，城市里的邂逅怎样能够具有变革的意义？当欢迎和接纳陌生人创造出一种包容的形式和标记时，邂逅是变革的。邂逅能够让有不同特征和身份的人们一起工作和交流，他们因为一件事而不是共同利益而相互联系起来。当交际性邂逅的机会增加导致新的城市发展方式时，邂逅是变革的，它提供了一种原先不能存在的东西。在做到这一点的同时，邂逅实际上也涉及了我们在第一章中讨论的"城市权"问题，强调城市生活本身就是探索和变化。如果针对邂逅的规划能够留下"变化的空间"，如肖（2005）给阿姆斯特丹项目总结的那样，给这样的空间提供物质支持，但不具体管理结果，那么，针对邂逅的规划将改革规划实践并改造在那些场所中生活的个人。

第七章

实践中的邂逅规划

我们在第六章从理论上集中讨论了促进邂逅的规划目标，把邂逅看成是不同的人和群体在街头巷尾、公共空间和咖啡店、社会服务中心这类"第三空间"中的互动。作为邂逅的一个结果，交际是人们在街区里十分偶然接触的产物，或者是通过有组织的活动或小型公共活动产生的有目的的互动的产物。无论是有规划还是没有规划的邂逅，不能想像任何邂逅会没有某种形式的排斥与之相伴。所以，邂逅规划的任务之一就是，确认因为规划而产生的包容和排斥的形式都能够尽可能地得到预测，如果这些包容和排斥的形式给予一定群体高于其他群体的特权，那么，需要加以承认和给予补偿。促进邂逅发生的规划决策规则可能要同时考虑更新分配和认同问题，以便有利于达到规划的目标。另外，正如我们在第六章中所看到的第二条决策规则那样，做邂逅规划的手笔不要指望太大。因为邂逅规划的目标不是微观管理的目标，所以，要预测到特殊的排斥形式会有困难。当然，如果我们在制定邂逅规划时一并考虑重新分配和认同的社会逻辑，还是有可能审视寻求促进互动的规划方式的。例如询问这些规划方式在多大程度上鼓励阶层间的交流，这些规划在多大程度上依据了对可能参与这种交流的那些人们实际认识上？注意，我们的重点不是放在增加相同人们之间交流的规划上，这种规划是社区规划的对象，当然，有可能成功的邂逅规划会得到这样一个成果，人们相互发现了他们之间的共同语言，而在此之前，他们并没有预计他们会相遇，他们还形成了某种可持续的社区意义。

我们在这一章里将讨论三个邂逅规划的例子。为了理解我们的三个社会逻辑，重新分配、认同和邂逅并非相互独立的，我们遵循前几章的方式，首先考虑邂逅规划，这是这一章的基本点，然后再考虑邂逅规划所具有的重新分配的倾向和对认同的重视。我们以街头节日聚会为例，说明以交往为目标的邂逅规划；以公共图书馆规划为例，说明以重新分配为目的的邂逅规划。最后，我们以社会服务中心或社区中心规划为例，说明强调认同的邂逅规划。这些例子展示了不同背景下的邂逅规划可能采取的不同形式，当然，支撑邂逅规划的价值依然不变。

第 7 章的案例　　　　　　　　　　　　表 7.1

邂逅	邂逅和重新分配	邂逅和认同
街头的节日	公共图书馆	社会服务中心和社区中心

邂逅：街头的节日

在激进的城市学者中，相对强大的思潮已经赞美了节日和嘉年华之类具有骚动性事件的力量。在这类活动中，城市生活的日常制度和规则暂时中止，甚至被颠倒过来。例如，H·勒菲弗把没有异化的城市生活想像成为一种永久性的节日。我们这本书受到了勒菲弗有关"城市权"论述的影响。对于勒菲弗来讲，我们现在的城市日常生活已经异化，而那些把权力镌刻在城市生活中的基本方式之一，就是那些我们认为不可变更的节奏和规范。这样，城市生活激进的变革必然意味着"平常日和节日之间的对立，无论是劳动的还是闲暇的，不再是社会的基础"（亚当，2004，p. 119）。通过参与节日或嘉年华活动，城市居民能够产生出一种比日常生活节奏和规范更为真实的聚集形式。勒菲弗把 1971 年的巴黎公社看作是"革命的嘉年华"，这一看法给予 1968 年 5 月事件活动的参与者以精神支持（谢尔德斯，1999）。在勒菲弗看来，我们激进的潜力可以在狂欢节中得到淋漓尽致的展示，所以，他有关把握住日常生活潜力的格言之一，"在鹅卵石之下，海滩！"，曾经在巴黎 1968 年事件中被人们四处涂写。最近，当代社会活动组织，"归还街道"也认同了节日和嘉年华激进的政治力量。伦敦人曾经在马路上撒了一吨沙子来创造一个海滩，在那里举办非法的聚会，实际上就是在践行这句著名的口号。"归还街道"的社会活动分子曾经浪漫地声称：

> 巴士底的风暴、1848 的暴乱、巴黎公社、1917～1919 年的革命、1968 年的巴黎，这些革命史中伟大的时刻都是巨大的民间节日。反之，无论是禁止的，容忍的还是半官方的，群众性的节日总是被官方视为一个问题。为什么权利总是担心自由的庆典？在乌托邦主义者的召唤下，群众性的节日是否能够成为群众了解他们权利的活动？中世纪以来，嘉年华式的狂欢节都让世界短暂地翻了一个个，暂时忘却辛劳、痛苦和不平等。狂欢节让人们暂时地从普遍真理和现行的秩序中得到一种解放；狂欢节把所有的等级层次、法权、规范和禁令抛到了一边。（http：//rts. gn. apc. org/prop14. htm#revolution）

这种对节日潜力激进的看法与我们所关心的城市生活中的邂逅有着某种清晰的联系。嘉年华式的狂欢节都"让世界短暂地翻了一个个"的观点传达了一个愿望，通过参与一个把日常生活倒腾得一团糟的狂欢节，人们不再受到附加给他们的身份和角色的约束，而是自由的以自己潜在的身份，与陌生人分享节日的感受。例如，K·罗斯（2002，pp. 24－25）描述了 1968 年 5 月的巴黎事件：

> 实际上，1968 年 5 月的事件并不与社会群体和引起这场事件的学生或"青年"的利益有什么关系。能够称之为"5 月事件"，主要在于学生不再履行学生的职责，工人不再履行工人的职责，农民不再履行农民的职责。五月是一个功能危机。这场运动在消除阶级方面，在扰乱场所"既定的"属性方面，采用了政治实验的形式。这场运动是由异位构成的，学生走出了校园，把工人和农民聚在一起，或学生到乡村去——跳出了拉丁广场、到工人的居住区去、形成一种新型

> 的群众组织方式……这表现为形体上的异位。这样，形体的异位产生了基本政治观念的变化——改变位置，改变它的适当的位置……

罗斯所说的"消除阶级的政治实验"抓住了我们有关邂逅观念中的一个关键因素，我们感兴趣的是，规划师如何给人们提供通过在城市里与他人的偶然相遇而探索出自己不同标记的机会。节日也许真能承载交际的形式，它也能让人们在共同分享的时空中成为"他们自己的陌生人"，即使这只是暂时的。当然，节日本身不会是勒菲弗意义上的"永恒的"，它只是暂时地实现它的意义，暂时地背离"通常"，但是，这并不一定会减少这个时刻的重要性，在这个时刻，人们经历了新的角度和可能性，成为新探索和合作的一种催化剂。

当然，在继续下去之前，我们还应该注意到，这些具有相近观念的学者们，在赞美狂欢节的激进潜力时，也认为这些节日和嘉年华式的狂欢节本身并不一定就是激进的。事实上，他们的观点是正确的，这些节日和嘉年华式的狂欢节同样具有支持主流权利的安排和不公正的潜力。G·德博尔（1995）和法国的境遇主义者曾经提到过着这类官方组织的"场面壮观的"节日，舞台式的节日活动，让人们参与到一个不同于日常生活的极具感染力的环境中，他们的经历不是因为激进的变化而改变，而是因为国家或社会组织的目标而改变。在那些令人震撼的节日活动中，节日本身激进的潜力实际上遭到了限制，它没有颠覆任何东西，反倒使现状得以强化：

> 对场所的归属感可能是通过积极的庆贺感或消极的忧虑感而形成。在两种情况下，官方组织的具有"壮观场面的"节日都是实施社会控制的有效方式，控制这些事件的社会精英对社会和大众意识有着重大影响。

德博尔提出，我们正生活在有着"场面壮观的"社会中，最近这些年出现的激进的社会分析家对此有着共同看法（参见雷托的例子，2005）。精心组织的政治聚会、体育事件如奥林匹克运动会、足球赛、流行音乐会和音乐节、规划的事件如由市政府举办的街区节日，都能够看成是这类有"场面壮观的"事件。

从把这类节日认定为"场面壮观"的批判中可以看出，在有关节日的激进的学术论述中，规划师和节日之间在以往的传统中被认定为没有很好配合起来。这种批判意味着，节日只是刚刚处在激进的边缘，而它们在很大程度上是没有得到允许和得到规划的。这样，当规划师参与到官方组织、官方规定和允许开办的节日中时，他们的行动方式可能受到严格的审查约束。正如我们会看到的那样，调动节日以服务于城市规划目标的方式受到了来自各方的批判。特别是严肃批判了把节日用来作为推销场地和包容建筑差异工具的作法。

当然，我们在这一节所要提出的观点是，即使是被规划的节日也能够创造出邂逅的机会，进而在推进城市公正多样性方面发挥作用。有规划和没有规划的节日之间的区别在不同节日事件性质上的确有所不同的。我们相信，从一定方面讲，这种区别是无法消除的。根据采取的规划方式，这种区别可能使规划为了在节日事件中发生邂逅敞开大门的方式模糊不清，使邂逅不能发生。规划的节日也能够推进城市变化的发展计划——我们可以说，"在节日之下，不期而遇"。

下面我们进一步展开有关节日的命题。首先，我们要考虑最近这些年来规划师是如何接受节日和探讨对节日影响的批判的。其次，看看对节日事件中的邂逅进行批判究竟具有何种意义。为此，我们先说明一些人在对"规划的节日"进行批判时所提出的问题，在此之后，我们再对这些讨论做一个总结。这些讨论涉及规划师如何塑造节日的方式，以致给那些没有完全预测的或事先确定下来的邂逅提供可能。

这种或那种节日已经成为当代城市规划保留项目的一个部分。在世界许多城市和城市街区，已经成为常规的节日包括：论点节日（如喜剧、电影或音乐节）、特殊地点的庆典（一个街区或城

市）、特殊文化或社区的节日（如男女同性恋，民族的文化节日）
等。实际上，有些城市因为它的节日而全球著名，例如戛纳（电
影节）、爱丁堡（国际艺术节）、悉尼（同性恋狂欢节）和里约热
内卢（面具狂欢节）。

城市政府之所以正式主办节日，一般至少涉及两个重要原因。
首先，城市政府日益把节日作为推销城市的手段。一个成功的节
日可能让一个街区或城市"榜上有名"，从而引来游客和投资。具
有论点性和以地方为重心的节日具有明显的特殊影响。例如贾米
森（2004）提出的爱丁堡市制定了一个"节日战略"，目标是把爱
丁堡推广到欧洲和世界，成为"节日之都"。在6周的节日季节
里，爱丁堡市同时举办"爱丁堡国际爵士乐节"、"爱丁堡国际艺
术节"、"爱丁堡国际书节"、"爱丁堡国际电影节"、"爱丁堡军乐
节"、"爱丁堡国际节"和"爱丁堡国际电视节"。正如贾米森
（2004，p.65）所说：

> 在争取投资和旅游市场的竞争中，爱丁堡挖掘了他的文
> 化资源和极具魅力的城市形象，用城堡形象和节日季节的城
> 市视觉形象来宣传自己……在今天富有竞争性的城市背景中，
> 爱丁堡的文化、历史遗迹和公共空间都成为它的资产，以此
> 作为城市市场竞争的条件。

当然，这样的战略已经出现在无数的地方，它们的规模可能
远远小于爱丁堡市。例如澳大利亚的一个叫做帕克斯的区域城市，
每年都举办"艾维斯节"。组织者相信，这个以旅游为导向的节日
将对地方经济发展产生重大影响（吉布森等，2006）。

再者，节日常常以庆祝一种特殊的生活方式或庆祝一个社区
的方式作为支撑点，这种生活方式或这个社区在更为广大公共领
域内受到蔑视或被边缘化。例如，许多市政府积极地利用节日来
推行多元文化的政策，希望通过节日，推进对少数民族社区的容
忍和理解。邓恩等（2001）对澳大利亚地方政府推进社区内部不
同文化群体融合的活动作了一个调查。他们发现，"最常见的项目

就是文化节、食品展销、多元文化日、民族性节日和艺术项目"（2001，p. 1581）。这种节日成为"鲜明地对比不同文化规范的差异，赞美多样性的方式"。（2001，p. 1577）。

我们还应当注意到，一个节日可能在不同时期会有不同的重点——悉尼的同性恋节就是一例。这个事件在 20 世纪 70 年代开始时，是通过激进且富有挑战性的游行方式，来争取同性恋者的权利。现在，这个活动成为悉尼经济发展战略的一个部分，成为悉尼的主要吸引事件之一。电视上播放同性恋游行，与此事件相关的旅游收入估计达到数百万。

现在，以这两个目标来规划的节日受到了广泛的批判。这类批判的基本点是，节日没有推进更为公正的多样性。实际上，对举办节日以追逐这两个目标的批判认为，这类规划的节日通过"场面壮观"清除了现存的不平等，而没有通过开放的方式发挥出节日的社会潜力。通过举办这类节日，达到推广和销售某个地方的目的，实际上明显地背离了节日自身的基础，从而不可避免地给予旅游市场和其他消费市场更大的权重。这样，通过这类节日树立起城市形象是首位的，而那些有悖这个目标的人、地方和活动都被排除在这类节日的时空之外。贾米森在对爱丁堡节日季节的分析中，详细列举了市政府提出的"节日注意事项"，它把节日事件限制在舞台形式上，同时限制了可能发生的邂逅种类：

> 参与城市的节日也等于参与了城市的公共关系，城市的公共关系必然要保证避免社会不融合事件的发生，避免视觉感官的不协调，取悦于城市访问者（贾米森，2004，p. 71）。

就爱丁堡而言，节日高度集中在旧城部分，节日期间的社会交际形式应当与"划定的街道装饰和自发的街道活动边界"一致（2004，p. 71）：

> 爱丁堡的节日既有社会的也有地理的空间界限，如果没有这个界限，它将给那些寻找服务业和城市市场社团的访问者造成困难（2004，p. 71）。

批判者还对这类多元文化节日背后的动机进行了批判，他们认为，这类节日倾向于容忍异国化了的少数族群和文化，从而使它们对社会的大多数人"安全"。在澳大利亚，对多元文化支配形式的批判提出，多元文化节通常是建立在这样的逻辑上，这些节日给少数民族族群提供了给白人"东道主"社会展示他们文化价值的机会（哈格，1998，pp. 117 – 118）。这样，这些节日强化了盎格鲁——澳大利亚人"东道主"的地位，这些"东道主"可能通过参与节日而丰富了他们自己。进一步讲，这些节日倾向于过分简单地展示少数族群的文化，而忽略了他们的发展过程和内在的多样性。正如佩默泽尔和达菲（2007）对此类批判作了如下总结：

> 我们看到的编织出来的多元文化节是对文化复杂特征的一个浮浅的表达，它强调的是穿着、食品、音乐，而不是展示这种文化的动态性质，也没有展示这个族群对文化异位和调整之后的反应。

这些批判的意义是：

> "民族节"，食品展销、社区艺术展览仅仅提供了一个对盎格鲁－凯尔特澳大利亚日常文化规范临时的和空闲有限的挑战。这种庆典性事件把一个宽泛的社区压缩到了一个文化橱窗里，所以，它淡化了文化差异以及严肃的社会不平等问题（邓恩等，2001：1579）。

对城市推销和欣赏多元文化的这些批判都有一些共同的论点。第一个论点是关注规划节日的消费支配性。针对市场或欣赏文化的规划的节日不可避免地把参加节日的人们看作是消费者，即场地的消费者或文化的消费者。消费支配性意味着规划的节日要特别表现出安全性。如爱丁堡式的街头节日，要"控制无序"，满足旅游者的"安全愿望"，让他们避开那些没有预计到的不速之客，或者把民族的东西削减为"新奇的"元素，如食品、衣着和表演，使得主流消费处于安全状态，而不强调社会公正和种族方面的社会问题。给消费者创造一个安全的经历，意味着从空间上把节日场地包围起来，选择更多的视觉标志来表现它，而不是刺激不期而遇的潜在可能性，这种不期而遇可能会干扰日常规范和分割。最后，尽管有以上这些限制，节日还是会出现邂逅的机会。这些机会只是临时地被圈定出来的，并不具有长期变化的性质。所有这些都表现出对那些无名的邂逅者在节日时空上的排斥。正如贾米森（2004，p. 68）所说，规划的节日似乎与勒菲弗所赞赏的那种"革命的狂欢节"相对立：

> 现在，大部分事件都是需要获得批准和获得执照的。所以，节日总是限定在一个时间和一定的空间范围内，管理制度指导着自发的行动和邂逅，这些管理制度被认为可以用来解除狂欢节精神中那种无序并使它具有重新产生秩序的潜力。

当然，我们认为，这种看待规划的节日的态度过于消极，他们忽略了这样一个事实，即使是规划的节日同样可以给无名的邂逅者提供机会，从而对建立公正的多样性同样具有意义。M·达菲（达菲，2007）最近对节日的研究影响了我们的看法。至少有三种方式使得规划的节日可以在"有限的"空间打破日常的规范和节奏。去参加节日活动的人们可以与其他的参与者共享非常规的经历，所以，潜在地逃出或忽略掉了那些控制他们日常生活的那些标识。

正如我们在第六章中提到的，我们相信安全的确是狂欢节的重要因素。当然，提前就规定好节日的空间，把它"锁"起来（例如提前把无家可归者撵出节日的空间），当然会大幅度减少可能发生的邂逅。但是，在临时建立起来的"安全"边界内在一定程度上仍然存在节日所具有的激进的潜力。换句话说，这些边界给人们某种"执照"，暂时把日常生活的身份放到一边，去探索其他的身份和经历。达菲认为，常常与节日相关的人类学提出一个"限制"的概念：

在时空中，常规社会规则临时中止，按照年龄、信仰、种族或性关系作社会分类所产生出来的差异也没有什么重要了。这就可以认为是一个"安全"的时间和空间，在这个时空里，我们有机会分享共同身份，或探索有争议的社会问题。

第二，紧随第一个观点，我们认为，这些批判的确看到了节日事件的短暂性质，社会规范暂时被搁置起来，但是，他们认为这种对社会规范的短暂搁置没有什么社会意义。节日不是一定要成为"永久性的狂欢节"，它也同样会产生出某种进步的政治结果。正如我们在第六章所提到的那样，"暂时的"邂逅对于城市居民来说同样具有重要意义，在节日中，他们有机会搁置自己的身份，去探索新的可能性。事实上，节日所具有的暂时搁置日常规范和节奏的性质本身就是节日对城市邂逅的意义，同时，这种暂时性也是节日的局限性。M·达菲说：

> 节日事件的暂时性质——在节日现场，不期而遇的思想交换——常常产生出不同的且冲突的身份、位置和归属感模式。

实际上，这就是节日的矛盾：

> 这些事件在功能上是为了让社会更为和谐和包容，同时，这些事件又具有颠覆的因素和抗议的成分。这个矛盾正是这类事件在社会空间和政治上具有意义的根源。

节日与其他城市空间的临时使用同时具有这种矛盾，如临时使用废弃的建筑或公共空间。这种临时的使用能够激进地改变城市的可能性，为节日和嘉年华式的活动开放新的空间，或者相反。正如海登（2006）提出的，在临时使用背后存在一个利益的频谱，临时既不属于激进的社会群体，也不属于官僚机构或开发商。

第三，我们认为，对于节日，即使规划师的预期比较狭窄，进行中的节日事件也能够超出节日规划师的预期。这也许更为重要。佩默泽尔和达菲（2007）对墨尔本郊区的一次多元文化节的探讨特别具有启发性。针对人们对多元文化节的批判，佩默泽尔和达菲提出，事实上，仅仅用来庆祝和消费其他民族"奇特"文化因素的多元文化节也存在以上我们所说的矛盾。十分重要的是，不要简单地把规划的愿望看成是决定性的，仿佛这些愿望会完全决定节日的结果，而是要关注人们在节日里实际做了什么。通过具体分析，佩默泽尔和达菲提出，我们有可能发现，人们的参与方式常常"超出了地方政府通过多元文化政策，试图管理文化差异的方式"（佩默泽尔和达菲，2007）。例如，音乐和食品能够远远超出"狭窄的文化意义"。从这个意义上讲，这些活动有助于保证把节日变成"体验的地方"，在这样一个场合下，"地方节日的结构以潜在的合作和创新的方式允许并使对话成为可能"（佩默泽尔和达菲，2007）。例如，参与音乐节的各种元素（表演者和听众数目）本身就是一种无须语言的邂逅，在表演者和听众之间建立起深深的情感联系：

> 音乐表演就是与其他人的"亲密的"邂逅；他们分享情感经历，而他们中的大部分人可能再也不会重逢，不过是一次孤立的交流。在这种邂逅中，感觉、意识和心照不宣的理解比起解释和说明更重要（伍德，达菲等，2007，p. 25）

这里，我们要再一次小心翼翼地提出，这些邂逅的意义不一定是进步的，也不排除让这种邂逅达到某种目的——我们的观点是，不考虑这些愿望是什么，邂逅本身是不可预测的。

我们的分析意味着，"规划"和"节日"都不是必然相互抵触的，即使对于那些不认为邂逅是以消费为目标的嘉年华事件中的交往，希望把节日看成是为邂逅提供一种机会的那些人来讲，也是这样。我们认为，参与节日规划的规划师有可能避免批判所提出的一些隐患，来最大化嘉年华式的狂欢节和邂逅的积极意义，至少有三种方式可以做到这一点。首先，节日空间位置的选择对于邂逅得以发生是极端重要的。节日在城市中的位置真的可以确保来参与节日活动的人有机会仅仅"与他们相同的人"分享时空，或者能够帮助他们通过空间错位的形式与陌生人邂逅？贾米森（2004）以爱丁堡节日为例说明了这些问题之一，市政府并不鼓励来参加节日活动的人离开这个内（旧）城地区，所以，他们不可能与居住在这个城市其他部分的各式各样的群体发生接触。这样，规划师可以与社区群体商议，把节日事件放到"通常"位置之外。例如，规划师把每年一度的"悉尼节"的节日事件放到城市商业中心之外。有些节日事件放到郊区，有些活动利用公共建筑展开，有些则放到人们常说"不要去"的地区，如土著人聚集的内城雷德芬地区。允许"悉尼节"的事件在这些地区展开，能够帮助参与节日活动的人们安全的到那里去。而没有节日事件，他们也许不会去那些地方，这样就给人们建立了新的邂逅机会。英国莱斯特的规划师最近认识到，支持排灯节（印度教秋季节日）、圣诞节和加勒比海人的狂欢节都有助于"庆贺多样性"，有效地强调不同群体间的隔离问题，而节日活动需要在多种文化空间里展开（参见辛格，2004，p. 49）。

其次，达菲、韦特等（2007）提出，节日活动能够有效地维持一种引导人们不期而遇的气氛，不仅仅依赖于创造出一种不同于日常生活节奏和规范的间歇状态，还要营造出一种临时的"节日节奏"。他们认为，一个成功的节日应当产生一种可供节日参与者共享的临时"音乐节奏"，安排一种音乐隐喻。利用音乐来建立这个临时的节日节奏是一种方案，实际上，并不仅限于音乐。他们的观点是，好的节日是要创造出一种情形，让参与者容易采用与他们日常生活不同的方式与其他节日参与者进行交流，使他们在短暂的不期而遇中都以节日参与者的身份出现。反之，在一个不好的节日里，没有自己的节奏，参与者之间可能仍然保持距离，没有从情绪上进入到节日事件中去。如果达菲和韦特的观点是正确的，那么，某种形式的规划，甚至"舞台式管理"，都会对作为邂逅时空的成功节日产生重大影响。这是一个关键点，多年以来，激进派的人们始终没有放弃它。回到这一节开始时我们提到的"归还街道"的活动，他们并非简单地把一吨沙子"放到"公路上而并不考虑规划。

最后，这里提出的方式也许与我们有关规划的观点有些不一致。我们认为，规划师必须避免直接参与节日无序形式的微观管理。我们不是通过节日规划去完全避免不一致和无序，让节日以"步调一致"的形式展现在预期的观众面前。这一点是十分重要的。对于多元文化节而言，这一点可能意味着，组织者努力把第二代移民和他们那个已经建立的民族社区的领导一同吸引到节日事件的规划中来。或者说，对那些以地方为基础的节日而言，这一点可能意味着，承认在访问者走出他们的"便利区"可能存在一定程度的不太便利，这样，不能把"安全"解释为完全没有潜在的冲突。达菲和韦特（2007）提出，节日的组织者需要安排一些不太正式的活动和空间作为节日的一个部分，明确承认节日的组织者不能预先决定所有的节日活动：

> 对于人们走到一起的地方，正式的节日组织机构的愿望与结果和创造不太正式的环境之间，存在一定的重叠。

在这一小节，我们集中单独讨论了与节日相关的"邂逅"。但是，我们不可怀疑的会看到，认同问题（例如在多元文化的形式中）和重新分配问题（例如地方经济发展战略）同样也影响到节日中的邂逅。因此，这里讨论的某些问题是与进一步思考作为容纳节日规划相关的。

邂逅和重新分配：公共图书馆

市中心和郊区公共图书馆网络是许多西方城市现代主义规划的伟大遗产之一。在这一节，我们把公共图书馆的规划看作是以重新分配为目标的邂逅规划的一个例子。

到 20 世纪结束时，许多城市的公共图书馆面临两大挑战——国家在指导城市基础设施供应和"公共服务"如图书馆方面的角色变化（参见第二章）和"信息高速路"的崛起对公共图书馆的威胁。除此之外，因为国际移民和经济重建，许多图书馆所服务的城市社区在人口方面发生了迅速变化。为了应对这样的挑战，公共图书馆的支持者们寻求通过发展 21 世纪的新型公共图书馆来保障公共图书馆的未来。这种图书馆的远景有时涉及功能主义的看法，让公共图书馆在街区经济更新和社会融合方面发挥作用。当然，有些更新图书馆的设想与我们有关邂逅在城市生活中重要性的认识相联系。我们会看到，英国和澳大利亚图书馆的规划师和设计师一起，通过容纳特殊形式的接触，努力把公共图书馆建设成为一个邂逅的空间。在这一节里，我们将详细说明在图书馆里和通过图书馆所维持的接触形式。我们认为，公共图书馆所推进的接触从根本上是建立在自由和平等基础上的。因此，我们将要提出，公共图书馆是邂逅规划的一个例子，同时又是重新分配规划的一个例子——图书馆的读者既是"陌生人"，也是"市民"。

公共图书馆的支持者们越来越强调图书馆在城市生活中所扮演的角色，图书馆不只是知识宝库，也是多种使用和多种读者的空间。也就是说，去图书馆有了新的意义，图书馆成为许多城市居民和访问者的重要活动场所。图书馆这种新的意义展示了人们对图书馆在城市生活中角色的理解已经发生了重要变化：

> 在对社区图书馆使用状况的研究中，研究者发现，图书馆已经承担起社区中心的功能。图书馆的使用状况包括常规使用模式（如入馆人数和空间占用，而不包括借阅率或询问信息），和多种把人们吸引到图书馆来的正式和自由的活动（悉尼技术大学和新南威尔士州立图书馆，2000，p. 7）。

通过最近一项有关"不同的人到图书馆实际上做了什么"的研究，我们注意到公共图书馆能够成为人们不期而遇的地方。除了通常与城市邂逅相联系的街头巷尾和其他公共空间，公共图书馆同样也是人们进行各种形式接触的重要空间（我们在第六章中曾经提到过这个观点）。

在把公共图书馆看成是邂逅空间时，我们注意到英国和澳大利亚正在探讨的公共图书馆的新前景。英国的建筑和建筑环境委员会（CABE）汇集了已有的研究和案例研究，做出了有关英国城镇公共图书馆未来的两份报告——《良好的公共图书馆》（2003）和《21 世纪的图书馆》（瓦珀，2004）。这两份报告给本书提供了"公共图书馆是城市规划和城市管理中一个十分重要问题"的案例。澳大利亚的维多利亚州立图书馆（2005）和新南威尔士州立图书馆（悉尼技术大学和新南威尔士州立图书馆，2000）已经开始了若干研究项目，寻求识别图书馆在社区生活中的功能，推进图书馆在这方面的作用。维多利亚州立图书馆的"图书馆、建筑和社区"项目在概括公共图书馆未来远景方面具有十分重要的意义。

作为一种倡导性的研究，所有这些报告都倾向于把重点放到公共图书馆在宣传政府政策目标方面的作用，如在英国建筑和建筑环境委员会的报告中，特别强调了公共图书馆在街区经济复苏方面的作用（瓦珀，2004，p. 5），而澳大利亚的报告特别关注了公共图书馆在"社会资本"建设方面的作用（悉尼技术大学和新南威尔士州立图书馆，2000；维多利亚州立图书馆，2005）。正如我们在第六章所提到的那样，我们所说的邂逅并不完全与这些目标一致。我们同意英国建筑和建筑环境委员会的观点——"我们不要再把图书馆看成是一个书库"。但是，我们不能认同随之而来的这个观点——我们应该"开始把公共图书馆看作把社会凝聚起来的粘合剂"（建筑和建筑环境委员会，2003，p. 28）。当然，我们相信，这些报告的发现和推荐意见都隐含着这样一个信息，公共图书馆能够给一些种类的邂逅和接触提供空间，我们认为怎样给这些邂逅和接触提供空间是规划的重要目标。

我们在阅读这些报告时可能有一点违反常理，现在我们要考虑的是图书馆可以容忍的邂逅和接触的特殊形式，以及使之承担起这类功能的决策规则。

走进图书馆等于进入了一个与"陌生人"共享的空间，我们每一个人对于图书馆中的其他人和图书管理员都是"陌生人"。这样，在这些人之间发生的邂逅形式随着他们对图书馆的常规愿望而形成，如怎样利用图书馆，可能称图书馆的什么物件为"图书馆的时尚"（布莱森等，2003）。最近这些年对当代图书馆的研究表明，时尚图书馆最明显的特征之一是它的使用多样性和读者的多样性。读报、查看社区公告、参看电子信件、上网游览、做家庭作业、喝杯咖啡、参加讲座和社区会议、听即时音乐和光盘、与图书管理员或其他人讨论一本书、逗乐、会见和交朋友……所有这些活动以及常规的活动，如咨询参考文献、借书或借听觉或视觉资料，都在公共图书馆里同时发生。

在这些活动进行过程中，邂逅的形式无奇不有。有些读者始终保持一言不发，仅仅与其他人保持无言的交往，他们可能与他们认识或不认识的其他人和工作人员有非常简短的对话，他们可能与其他人形成比较常规或永久的联系和关系。所有这些不期而遇都是重要的。按照前一章讨论的观点，我们并不特别关注那些图书馆读者之间扩张了的联系和关系，而轻视他们之间比较短暂的接触形式。对于我们来讲，认识到所有的图书馆里的邂逅都是建立在不期而遇的图书馆读者的能力基础上，他们使用图书馆，在邂逅中相互协议产生了共同的"读者"身份。也就是说，他们在使用图书馆时，读者不再是"年轻人"、"老人"、某个特殊族群或社区协会的成员。事实上，人们来到图书馆时的确是有与此相关的身份的。但是，一旦到达图书馆，他们也就成为了图书馆的读者。这样，人们可能非常不同于其他人，可能在其他情境下从未相遇过，但是，在共享图书馆空间时，他们形成了一个临时关系。正如新南威尔士州立图书馆报告（悉尼技术大学和新南威尔士州立图书馆，2000；维多利亚州立图书馆，2005；悉尼技术大学和新南威尔士州立图书馆，2000，p.4）所说：

> 读者们常常与他们平时没有遇到过的群体共享图书馆的空间。人们在分享资源和形体空间中，遇到生活圈外的人们，在熟悉的安全空间里，认识他们之间的共性和差异。

在有关公共图书馆的大量国际文献中也有相似的观点出现。例如，在美国，古尔丁（2004）提出：

> 正在使用图书馆的地方人口的跨群体程度几乎大于所有其他公共、商业或零售机构。对使用和访问者的统计调查显示，公共图书馆里的读者包括了所有年龄组的成员。据说图书馆是为数不多的在正常开放时间里同时欢迎大小年龄的人群使之相互不期而遇的公共场所。

在英国和澳大利亚的报告中可以看到，许多与公共图书馆相联系的属性都鼓励这类邂逅。

第一，公共图书馆提供的资源、设施和活动都具备吸引各种各样不同身份、能力、需要和兴趣的人们的潜力。在英国和澳大利亚的报告中特别引起我们关注的是，图书馆采用了很多措施来吸引和维持不同的读者群体。最明显的是，图书馆馆藏表现出读者群体的广泛性。它们不仅仅维持一个流行小说和非文学读物的"大众"收藏，而且还建立起专门的馆藏（外语书籍和报纸、儿童书籍和流行音乐光盘等），供专业人群使用。图书馆的设施，如免费使用的计算机网路，可以供多种人群使用，如旅行者和移民通过图书馆网路与亲朋好友和家里人保持联络，学生通过网络参加家庭作业俱乐部。训练有素的图书馆工作人员可能在一些特殊问题上直接帮助读者，如写家谱，或帮助那些希望得到计算机训练的读者。许多图书馆开展了多项特殊活动，吸引各种读者群体参加，如地方艺术家的展览、地方历史展示窗、音乐表演、不同论点的讲座和演讲。

第二，公共图书馆的布局、设计和区位也能吸引多方面的读者。在这一章的最后部分，我们还要讨论社会服务中心的问题。这些中心在形体空间上与图书馆一样，成为城市的"起居室"。英国和澳大利亚的这些报告都高度评价公共图书馆的"城市起居室"（建筑和建筑环境委员会，2003，p. 8）或"社区客厅"的能力（维多利亚州立图书馆，2005a，p. 13）。也就是说，把图书馆界定为一种空间，人们可以在那里"家庭式"的环境中，长时间和舒适地休闲或社交。英国和澳大利亚的这种安排在美国也得到反响，美国有些新图书馆在公告上明确使用了"城市房间"的概念（马特恩，2007，p. 88）。从室内设计来讲，公共图书馆的这种功能可以通过公共设施的建设而实现，如桌椅、沙发、厕所和互动区、食品饮料供应设施等。在英国的"建筑和建筑环境委员会"看来（瓦珀，2004，p. 9），图书馆"是与现代购物中心或论点酒吧不同的一种市民的和教育的场所"——当然，有趣的是，当代商业性书店同样具有与公共图书馆相似的内部设计（英国建筑和建筑环境委员会，2003，p. 14）。从项目角度讲，公共图书馆的这种功能可以通过一系列事件项目来实现，如讲座和表演，或有规律的聚会，如儿童读书会和图书俱乐部。通过设计"图书馆里的图书馆"或"专门类型读者使用的特定区域"，例如儿童、青少年学习区和保持安静区，也能够支持多样性的读者群（英国建筑和建筑环境委员会，2003，p. 26）。英国和澳大利亚的报告还提出，通过与其他商业、政府和非政府的服务设施共同使用一个位置的方式，也能成功地吸引混合的读者群体。例如，在图书馆建筑里安排独立的咖啡店，向参与图书馆活动的群体提供餐饮服务，（布莱森等，2003，p. 31）；在图书馆的位置上安排画廊，鼓励人们在图书馆里活动起来，以增加读者的多样性（维多利亚州立图书馆，2005a，pp. 17 - 19）；与其他社区服务和政府服务联合在一起，形成"一站式服务"中心；这些在空间上的联合布置都能够成功地吸引多种读者群体。最后，在建设新图书馆时，采用令人愉悦的建筑形式，也能吸引人们对图书馆的关注。伦敦的佩克汉姆就是采用这种战略的成功范例，新建图书馆采用了鲜明的设计手法，在图书馆开放的第一年，就吸引了大量读者，创造了很高的借阅率（英国建筑和建筑环境委员会，2003，p. 17；参见马特恩，2007，关于库哈斯设计的西雅图公共图书馆）。

　　第三，公共图书馆之所以可以吸引多样性的读者群体的原因之一是，许多群体都把公共图书馆看作是安全空间，而他们认为城市里的其他"公共空间"不安全或不友好。事实上,澳大利亚新南威尔士州立图书馆有关公共图书馆报告的标题就是"一个可以去的安全场所",认同了公共图书馆在这方面的重要性。与其他国际研究一致,这个报告建议,儿童和家长、老人、妇女和无家可归者——所有在街上和其他开放的公共空间有过被边缘化经历的人们,都把图书馆(虽然不是全部)看成安全空间。我们最感兴趣的是图书馆形成安全感的方式。十分重要的是,图书馆安全感的形成并不依赖于监控和保安技术,有些研究提出,使用这类技术实际上降低了图书馆的安全感(悉尼技术大学和新南威尔士州立图书馆,2000,p.5)。新南威尔士州一项有关图书馆读者和非读者的调查发现:

> 几乎所有人的共识是,图书馆是所有人都有权去的地方,而与他们的境遇或背景无关。图书馆的免费使用和公共所有的传统意味着,没有任何人可以被拒之门外,读者感觉到所有其他人都有权到那里去,形成了一种公平和有权利获得服务的感觉,这样就消除了任何边缘化或被排斥的感觉(悉尼技术大学和新南威尔士州立图书馆,2000,p.8)。

这就意味着,为了创造一个安全的感觉,图书馆管理上并不需要更多地排斥性。当然,有些图书馆的确采用了排斥性的方式(里斯,1997),实际上,它们最好保持一个开放的共同承诺。当图书馆允许读者和图书馆工作人员协商讨论究竟在何时何地有何种行为可以称之为"好的图书馆读者"时,比较有可能维系保持开放的共同承诺。

在图书馆里发生的邂逅不仅仅是以面对面的形式出现,实际上,图书馆成为邂逅空间的关键之一是,图书馆提供了多种媒体,通过这些媒体,读者能够与那些没有在图书馆空间里实际出现的多样性的人们不期而遇。好的公共图书馆通常得到赞扬就是因为它们打开了"通往想像世界的窗口,提高智力水平的窗口"(英国建筑和建筑环境委员会,2003,p.4),读者以自我导向的方式,在那里探索不同的问题和他们感兴趣的问题，用不同的视角看世界。

最明显的是，图书馆通过它们的书籍、媒体收藏和联网的计算机设施，打开了通往世界的窗口。我们同意图书馆的功能远远大于知识宝库这一说法，当然，这并不意味着作为图书馆知识宝库的功能不重要了。但是，图书馆购买资源的方式正在改变。所以，渐渐出现了图书馆馆藏民主化的需要。也就是说，与读者一道决定公共图书馆将要开展的活动，这样，图书馆读者群体和工作人员在特定背景下产生出来的特殊需要和愿望也能决定集体认识。这就意味着打破了读者和图书馆工作人员之间的传统关系，也打破了"中心"图书馆和"分支"图书馆之间的传统关系，这种传统关系按照外在的标准决定图书馆资源和设施的分配（瓦珀，2004，p. 20）。（我们在第二章曾经讨论过，公共资源如何在不同的街区和人口群体之间公平分配的问题，那里考察了加利福尼亚奥克兰20世纪70年代的一个有关图书馆收藏民主化的案例。）

正如上面所提到的，免费使用互联网设施也使图书馆变成了一个网络化的空间，读者可以在那里探索广阔的网络世界。事实上，互联网在人们生活中日趋增加的重要性也使得图书馆有了新的价值，特别是对于那些互联网条件不佳或使用价格难以承受的城市社区更是如此。通过建立计算机网络系统和支持读者使用，公共图书馆正在"数字分红"中扮演着中心角色（维多利亚州立图书馆，2005b，p. 9）。正如英国建筑和建筑环境委员会（瓦珀，2004，p. 5）所说，互联网时代公共图书馆的重要性正在证明原先对公共图书馆的预测是错误的：

> 正如我们所知，人们广泛认为20世纪80年代和90年代的技术革命正在敲响公共图书馆的丧钟。当人们可以在家里的联网计算机上获得所有他们需要的信息时，他们为什么还要到图书馆去借书？这些预测已经证明是莫须有的。事实上，互联网已经成为当代公共图书馆的拯救者之一。

有些公共图书馆的确已经建立起了它们自己的"虚拟图书馆",读者能够通过图书馆的网关一天 24 小时自由进入图书馆的馆藏和资料库.但是,布莱森等(2003,p.11)提出:

> 虽然虚拟图书馆已经发挥了作用……21 世纪的图书馆还必须是有形的建筑物。政治家的承诺和负责图书馆的专业人士都证明了这些建筑在地方社区的价值和影响。

换句话说,"时尚图书馆"继续积极地与有形的图书馆建筑相联系——至少还有我们前边已经讨论过的面对面邂逅的理由,支持这种有形图书馆的存在。

第四,除了图书馆的馆藏和互联网外,对于那些仅仅在不同时间使用图书馆的人们而言,图书馆充满了他们有形的足迹。图书馆的公告栏也是通往世界的一个窗口,那里通告了图书馆和图书馆之外的社区正在进行的各式各样的活动。在一些情况下,参与图书馆公告栏上的活动可能会导致人们面对面的邂逅。即使读者从未参加这些活动,他们关注这些活动本身就构成了一种间接邂逅的形式,间接地邂逅展示了那些共享图书馆空间的人们的多样性的兴趣。

通过公共图书馆里所有的间接邂逅,读者可能成为"他自己的陌生人"(克里斯特瓦,1991)。也就是说,在使用图书馆时,读者有机会探索他们不同的标识,发现自己的兴趣、愿望和能力。他们在做这次不期而遇之前,并不知道他们的这些兴趣、愿望和能力。当然,我们不应该惊讶,我们有这种对图书馆可能性和愿景的看法——很明显,如果我们不相信与其他人和角度间接邂逅的力量,我们就不会去读书和写文章了。对于我们更重要的似乎是,公共图书馆所维持的直接和间接的邂逅都与 H·勒菲弗的"城市权"(参见第一章)观念紧密相连。勒菲弗把"城市权"理解为,不仅是在城市中成为"你自己"的静态和正式的权利,而且也是通过城市探索和邂逅使一个人变成他人的动态的权利。这里,我们支持通过图书馆实现"学到老"的观点,当然,不要以寻找工作和进入劳动力市场为目标，从功能主义的角度去理解这个概念。

公共图书馆维持着不可计数的多样化邂逅，所以，我们认为对于那些承诺发展城市多样性的市政府、区域和国家层次的政府，应当把公共图书馆的建设放到一个战略发展高度上。这样，公共图书馆所维持的邂逅形式在若干方面也是一个重新分配问题。

我们已经提到，对于"时尚图书馆"来讲，免费和开放使用公共图书馆和它的资源、设施、空间和参与活动是最根本的。阿尔斯塔德和柯里提出，公共图书馆的支持者们最终必须抵制商业化的逻辑，这种商业化的逻辑已经运用到了由国家提供的其他形式的城市基础设施上——任何形式的"谁用谁付钱"的逻辑都将侵蚀公共图书馆的社会交际功能。应当把使用公共图书馆同时理解为一个公民权的问题，以及与公民权相关的普遍的接近权、与陌生感相关的邂逅。进一步讲，公共图书馆必须抵制那种市场导向的社会服务供应模式，这种模式也在努力满足多样性的社区需求，形成合作关系。正如阿尔斯塔德和柯里所提出的，这里展示的公共图书馆的愿景要远远大于获得政府补贴的私人部门所采用的"专门的，需求导向的物质分配性服务"（阿尔斯塔德和柯里，2003）。要维持公共图书馆成为一个邂逅的空间，必须要得到国家资助的承诺。

当然，我们承认，这种资助的承诺总是困难重重，特别是公共图书馆正在迅速变化的今天。对于我们已经讨论过的公共图书馆所提供的资源、设施、空间和活动而言，现存的图书馆的基础设施可能需要做一些改变、更新和建设。正如英国建筑和建筑环境委员会提出的那样（瓦珀，2004，p. 8），公共图书馆的建筑现状"既有问题也有机会"，强调这些问题必然要求相当规模的公共投资。英国和澳大利亚维多利亚州，政府已经建立专门的图书馆基础设施基金，以帮助现存图书馆的更新和新图书馆设施的建设。按照布莱森等的观点（2003，p. 27），如果地方政府有一个总体战略规划来支持和推动公共图书馆事业的发展，这种投资会更为有效率。

除此之外，我们在第二章和第三章中已经提到过，重新分配问题从根本上讲是空间的。公平接近图书馆服务是一个关键问题，公共图书馆设施的供应能够有助于说明空间劣势问题。例如，我们已经提到过，公共图书馆在"数字分红"中扮演的角色，有关这一点，澳大利亚维多利亚州的"图书馆、建筑和社区"项目曾经做过讨论。作者对这个项目的发现做了如下概括：

> 那些已经处于社会劣势地位的人们和地理区域在获得信息和计算机资源方面同样受到限制。保证低收入和其他弱势群体的人们能够通过图书馆获得信息和技术，发展他们的必要训练，是公共图书馆应当承担的关键角色（维多利亚州图书馆，2005b，p.9）。

十分有趣的是，不同地方的政府用于支持公共图书馆的资金水平也是不同的。英国建筑和建筑环境委员会提出（瓦珀，2004，p.10），需要给公共图书馆建立起一个多样性的支撑基础，以便保证公共图书馆的未来：

> 通过日益增长的使用友好的书店链，以及办公室和家庭互联网信息服务，私人部门对传统图书馆服务所构成的威胁，使图书馆服务看上去成为市政服务中一个正在衰落的部分，这种威胁已经受到关注，有些地方得到了改善。然而，有证据表明，对公众舆论产生影响的群体、老年群体，特别是新潮青年和中产阶级的职业人士，已经放弃了图书馆服务，除非重新获得他们的支持和兴趣，图书馆服务将面临困境，所以，我们需要在决策部门努力建立起公共图书馆的积极的公众和媒体形象。

马特恩（2007，p.34）报告了美国发生的相似情形，市中心的公共图书馆仅仅为内城的穷人和无家可归者提供服务，主张对市中心公共图书馆注入公共投资的人们必须克服机会主义的论点。

另外，澳大利亚新南威尔士州对公共图书馆（悉尼技术大学和新南威尔士州立图书馆，2000）的研究发现，公共图书馆的读者和非读者普遍支持国家为公共图书馆的供应设施提供资金。当然，这里讨论的研究报告在保证公共资金的投入方面起着十分重要的作用。

需要保证国家资金的投入并不是英国和澳大利亚那些支持新型公共图书馆的人们的唯一问题。在总结发生在公共图书馆里的邂逅时，我们还要提出正在出现的问题和冲突，这些冲突和问题将是公共图书馆工作人员、读者和支持者进一步面临的挑战。

对于那些关心维持公共图书馆邂逅的人来讲，以上讨论的"新"公共图书馆至少有两个因素还有争议。第一个因素涉及图书馆内部空间的设计问题。有些图书馆采用了"图书馆里的图书馆"的设计方式，为不同的活动建立不同的空间区域（如计算机使用区、群组讨论区、禁止喧哗的阅读思考区），这种设计方式的基础是有助于划分图书馆里的不同群体。正如英国建筑和建筑环境委员会（2003，p. 26）提出的那样：

> 设计图书馆所面临的一个主要挑战是，如何应对不同的需要——独处和互动，安静和嘈杂，有序和混乱，开放和安全，有限时间和"24/7"的愿望。一个解决方案就是分区——图书馆里的图书馆，提供给特殊读者一个特殊的位置，如儿童、青少年学习区和禁止喧哗区。

但是，正如他们在另一个报告中提到的，这种方式反映出一个问题——如何在作为市民空间的图书馆和作为陌生人空间的图书馆之间找到一个平衡点：

> 在这个文化多样的多媒体的社会里，如何适当地打破公共图书馆的历史传统，使不同的读者群体要以他们不同的需要为条件而分开管理的需求得到满足？（瓦珀，2004，p. 22）

功能分割可能阻碍了发生在公共图书馆里某些形式的邂逅：

　　图书馆也可能是不同社会群的个体进行接触的唯一场所，这种接触可能利大于弊。完全的分割不应该是最好的解决方案（瓦珀，2004，p. 20）。

　　这种矛盾不可能有一个简单地解决方案。正如马特恩（2007，p. 9）所说："图书馆建筑的形式实际上也是它给公众提供服务的形式"。这样，与邂逅和重新分配的问题一起，设计过程还提出了对图书馆的认识问题。通过设计推进多样性；通过设计，把不同群体分开，让他们相互独立，以"解决"冲突，在这两者之间有一个最佳平衡点。当然，在创造有区别的区域时，这些区别不应当过分清晰还划定出一个"禁止越过"的边界（悉尼技术大学和新南威尔士州立图书馆，2000，p. 23）。在管理读者之间潜在的冲突和暂时的措施之间，通过鼓励不同的读者群体（如青少年和老人）在不同时间里使用图书馆，也有类似的矛盾。在决定建立分区的图书馆里，这些分区空间应当与共享的开放空间联系起来，这些开放空间有它自己的功能，所有的使用者都可能通过或在那里逗留，但那里并不属于任何一个群体。最重要的是，图书馆的设计者和工作人员不应该指望通过设计"方案"解决所有潜在的冲突，因为这类方案可能会减少不同读者群体作为图书馆读者协商使用图书馆的能力。

　　有关"新"公共图书馆愿景有争议的第二个因素是，公共图书馆与其他商业、社区和政府的服务同处一地。与"图书馆里的图书馆"的概念一样，同处一地常常被认为是提高公共图书馆使用率的有效方法，让多种原来可能不使用图书馆的人们来使用图书馆（反之也成立，让其他商业、社区和政府的服务与公共图书馆同处一地）。进一步讲，同处一地能够产生综合效应（布莱森等，2003，p. 30）。但是，我们要再一次说，这种同处一地的布局方式存在重大缺陷。同处一地可能是图书馆的可接近性和它本身具有的中立特性间的一个妥协之举，这两方面都是公共图书馆成为图书馆的基本因素（古尔丁，2004，p. 5）。例如，一些公共图书馆与政府部门同处一地，这样，读者对政府信任和不信任的程度决定了他们是否来图书馆。相类似的，公共图书馆与商业设施（如成排的零售商店，娱乐店）同处一地，两类不同性质设施的潜在冲突可能表现出来，如公共图书馆希望所有人普遍接近的理想与为消费者建立独享空间的商业理念。布莱森等（2003）认为，当一些商业、非政府和政府机构致力于"支持图书馆的社会和信息发布"（p. 35）之类的活动时，这种同处一地的布局方式还是比较适当的。例如：

> 教育和培训机构利用公共图书馆提供的信息和资料；餐馆和咖啡店给人们提供餐饮和交流的场所，人们在这里得到休息和补充，便可能在图书馆再待下去（p. 35）。

就美国情况而言，马特恩（2007，p. 7）认为，图书馆至少要有一些商业因素，所以，笼统地批判任何新的商业安排是不现实且不一定会有结果的：

> 我们可能发现自己是在用想像的标准看待现代公共图书馆，以此认为今天的公共图书馆已经不是我们理想中的图书馆了，实际上这种理想的图书馆总是没有变成现实。

马特恩（2007，p. 89）乐于看到一些新的商业设施（如咖啡店），类似于把一本浪漫小说放到已经有百年历史的图书馆书架上一样：

> 商业活动和商业文学都能吸引那些原本不来图书馆的人们，无论人们真的进入了图书馆，还是在图书馆外溜达，或是选择阅读高品质的读物，只要这些设施不是简单地与图书馆混合在一起，这些商业活动和商业文献将成为一个通向更美好事物的台阶。市场和百货商店已经影响图书馆事务多年了。

尽管存在各种困难，依照新的图书馆愿景建设公共图书馆还是有可能促进人们的邂逅。这种邂逅的潜力并不要求全面反思公共图书馆。如马特恩（2007，p. 7）所说，有关未来图书馆的一些问题其实是图书馆长期面临的问题的变种：

> 当代公共图书馆正在受到长期以来它所面临的同样问题的困扰：如何容纳多种媒体；如何推动公众安全使用这些媒体；怎样成功地容纳非传播功能，包括商业；怎样维持免费的、普遍接近的公共空间，同时承认公共图书馆的发展如同其他非盈利组织或机构一样受到财政约束；怎样在城市发展中协调图书馆的自身运行和外在责任，如市民社会的标志和基础。

这样，要把公共图书馆建设成为人们邂逅的空间，就要求承认和不断调整"图书馆的核心服务项目和图书馆文化。多年以来，图书馆文化几经起落，这种现象还将持续下去"（英国建筑和建筑环境委员会，2003，p.4）。

邂逅和认同：社会服务中心和社区中心

单从社会服务中心和社区中心的名字上看，它们是面向大众的，然而，通常事实上它们只是面对特定的个人和群体。这些个人和群体知道这里有他们需要的帮助，这里是一个自由的聚会场所。对于这个中心而言，有些个人和群体都是路人，他们常常被忽视了。他们可能是新来的居民，如移民，他们生活在新的地方，遇到其他居民时需要改善他们的语言能力；他们可能是无家可归者或很穷的人，需要在那里稍事休息；他们可能是残疾人，接受这个中心里社会工作者的帮助。在大部分情况下，依据我们所了解到的情况（如在一个地方有哪些人们需要帮助），来规划社会服务中心的区位和服务内容，以自由的方式帮助目标群体和个人能够生活在这个地区。有些中心直接与正式的社会服务部门在一起，当然，它们提供的非正式的相互交往还是具有不可替代的价值。

我们把社会服务中心看作聚会场所，特殊的陌生人群的成员们在那里不期而遇。规划这些社会服务中心，需要把创造人们邂逅场所的方式与有关认同的方式联系起来。社会服务中心不是针对一个群体的"社区中心"。社会服务中心旨在促进个人之间的相互交流，这些个人可能来自不同的社会群体，重点放在参与者的多样性。当然，社会服务中心所能维持的邂逅形式，依赖于如何认定这个地区人们的典型需要。社会服务中心一方面是为了推进处在这个中心的所有人之间的相互交流；另外，它又是以满足特殊需要为目标，因而形成了一个边界，一些群体对社会服务中心有兴趣，而另外一些群体则对社会服务中心没有多大兴趣。这是一个矛盾。

建设社会服务中心是为了向那些在经济上被边缘化的人们提供服务，他们可能是失业者、无家可归者或赤贫者，可能因为社会服务的去机构化而使他们处于这种境遇，至少是因为国家减少社会支持而使他们的生活陷入极端困难的境地。这些个人常常失去了可能给他们提供帮助的社会网络。对于这些人或群体，邂逅意味着什么？如何做针对这类邂逅的规划？我们在第六章讨论安全城市时曾经提出，邂逅应当是日常生活的一部分，而不只是发生在特殊事件出现时。邂逅是透明的，一旦它表现出对社会治安造成某种威胁，邂逅的空间就被消除掉了，或者对人们进行的活动和相互交流实施某种控制时，邂逅的空间也就不存在了。这是我们在第六章中找出的决策规则。

社会服务中心是针对经济上被边缘化的和孤独的人们，所以，这种规划的社会服务中心的核心特征是，在规模、内部设施和允许的自由的社会行为方面，社会服务中心都类似一个家庭（它们类似于有些公共图书馆建立起来的那种家庭氛围）。按照这种方式，这些中心所表现出来的特征可以通过我们原先提出的决策规则来理解。要让社会服务中心像个家，使它们尽可能是安全的，形式上透明或包容，希望人们采用自由的社会行为（尽管这类中心通常有一个组织运营），因此要求参与者在交往时有所控制，例如不同于发生在教室里的那类行为和控制。这就是社会服务中心的空间性质，空间特征与社会特征相结合使社会服务中心成其为社会服务中心。沃斯顿（2004）曾经专门讨论过社会服务中心的特殊空间形式，这些空间形式保证社区组织能够有效地工作。在这种背景下的邂逅意味着一种相当宽松的社会交往，其规模相对小，以致访问者能够很快相互熟悉起来。在这里发生的邂逅不同于发生在公共场所的那种具有偶然性的和不再重复的交往（如在城市广场发生特殊事件时与人不期而遇，或者与一个朋友在地方小店里的那种不期而遇），也不同于发生在经过组织的小公共空间里的那种带有目的的社交活动（例如，在成人教育课堂里或在运动俱乐部里所进行的社交活动）。针对发生在这类中心里的邂逅的规划，就是对这类中心特殊的形体结构的规划，以及对发生其中的活动的规划。这类中心通常就是一个建筑物。第六章所论及的决策规则中有两个与此项规划相关，但是，有关为具有不同社会和经济能力的人们提供多种基础设施的决策规则涉及不同的规划尺度，不同于社会服务中心的规划。

对社会服务中心特征和运行方式的分析显示，这类规划强调了朴实和非正式。以下我们将讨论若干个实例：多伦多（加拿大）"青年节"社会服务中心；诺丁汉（英国）为精神病患者服务的社会服务中心；布里斯托尔外（英国）的社区社会服务中心；墨尔本（澳大利亚）的街区住宅，其中有智障人士、移民和孤独的妇女；新西兰的儿童与父母游戏中心。

这些中心的内部形体空间如同一个家庭，以满足非正式和小规模社会互动的要求，配合家庭式的厨房，以增强家庭氛围。帕尔（2000，p. 230）展示了诺丁汉为精神病患者提供服务的社会服务中心的内部空间布局图。这个中心坐落在一个有着大量政府或慈善机构收容所和低收入家庭租赁房的地区，它日间向所有人开放，晚间则定期向中心工作人员确定的那些精神疾患病人开放。这个中心的空间围绕厨房布置，食品通过窗口提供，有两种座椅，一组圆桌，每桌配有四把椅子，还有一种为长条桌，靠两边的墙摆放，边缘还有一个台球桌。这种家具摆放方式是为了满足不同的互动活动。人们围着圆桌而坐，既可以交谈，也可以观看台球，他们同时成为靠墙而坐的人们活动的一个部分。当然，不同于其他形式的中心，只有中心工作人员可以到厨房去。多伦多为街头青年建立的中心每周开放五天，除了周末，每日下午开放，为孤独的年轻人和没有家庭的成年人提供一个"白天的庇护所"。达希纳（2002）对这个中心做了这样的描述，那里有厨房、台球桌和有座椅的公用区，同时还有洗衣间、浴室和其他设施，如电话、计算机和复印机。不同于诺丁汉的社会服务中心，到这个中心来的人们可以到厨房里给自己沏茶和煮咖啡，用自己带来的食品做饭。佩尔莫泽尔（2001，p. 168）对墨尔本的街区住宅做过这样的描述，这些中心是针对地方上的孤独妇女的，她们利用这个中心与地方上的人们进行交流，这些中心的内部空间布局如同大家都熟悉的家庭住宅，通常就在居民区的街道上。这类中心给焦虑的妇女们提供了一个舒适的社会交往场所，使她们可以在家庭之外开展社会交往活动。所有这些案例的共同特点是，这种家庭式的布置方式似乎很安全，气氛良好，又为所有来访者所熟悉。

当然，只有当这种特殊形式的邂逅能够发生，有关这类中心形式和位置的规划才是有意义的。分析家们十分注意这个问题；尽管有些中心是关照智障人士或者精神病患者的中心，但是，分析家们更多的还是注意到中心来的那些人们的"行为"，以及人们之间的邂逅。英国布里斯托尔市郊的一个社区社会服务中心坐落在失业率比较高的贫穷的地区，白天向地方居民开放。建设这个中心的目的是，给人们提供一个"支持性的和温暖的空间，让地方居民在那里交往和社交"（康拉德松，2003，p. 513）。康拉德松把这个中心看成一个"治疗空间"，因为它给人们提供了实践的机会，展示对其他人福利的兴趣。他描述了不同的人发现这个中心如何对他们有帮助且有意义，因为中心允许他们与各式各样的地方居民建立起友好的关系（不一定容易），一些志愿者在那里给他们提供支持，有时给他们提供咨询和意见。多伦多为无家可归的青年和成年人建立的社会服务中心比起以上描述的中心功能更多，它不仅涉及中心使用者的生存问题，还给这些青年人提供了一个社会空间，让他们围着桌子进行交流。

　　墨尔本的街区住宅式的社会服务中心和诺丁汉的社会服务中心都在关照智力障碍和精神不健康的人群，中心使用者之间的邂逅受到个人行为的影响，受到他们的行为如何可以被其他人接受的影响，也受到使用者和中心工作人员相互交流的影响。中心工作人员总要寻求某种方式管理中心的使用者，不让他们的行为超越界限。帕尔（2000，pp. 232–233）描述了诺丁汉社会服务中心如何允许人们在交往中出现不正常的行为和身体习惯：

　　　　到中心来的访问者以高度个性化的方式使用空间，无论他们的行为是住院时形成的，还是因为空间错位形成的，这表明这个中心是一个包容的微观地理空间。这些空间都是安全的，那些出现在精神病院的思维和躯体特征都不存在了，那些在主流公共场所受到的他人的威胁也不存在了。这里有着一种蕴含的认同气氛，认同其他成员的不同情绪和精神状态，容忍在中心之外的人们看来"不正常的"、"奇怪的"和"异乎寻常的"行为。

　　但是，在墨尔本的街区住宅里，没有精神疾患的人和有精神疾患或智障人士同时使用这个中心。佩尔莫泽尔（2001，p. 201）发现，中心使用者之间的交往，没有像同性别、同语言和同文化的人们之间的交往那样融洽。佩尔莫泽尔引述了存在精神疾患的使用者的话，"这是我每周必到的唯一社会窗口。我不去俱乐部或任何地方……与那些我通常不会遇到的人们混在一起，我感觉很好。来这里消磨时间，把自己的事情放在一边，我能做自己想做的工作"（2001，p. 201）。但是，这个中心的其他一些使用者对有精神疾患和智障人士的行为甚为焦虑，它们妨碍了人们之间的自由交往。因此，佩尔莫泽尔认为，当中心存在精神疾患和智障人士时，自由的邂逅不太可能发生。她认为，拥有如此不同的使用者的街区住宅必须找到一种管理方式，管理那些有精神疾患和智障人士的行为，在一定时间里，让他们进入中心的不同部分，在那种"潜在的充电空间里"再现一些具有限制性的布局特征（2001，p. 215）。

除了社会服务中心的形体布局之外，为了使这些中心在规模和设施方面实现家的感觉，一个重要的规划问题是，如何对待中心里的随意性。应该在何种程度上管理相互交往？我们怎样按照决策规则的线索解释这个问题，它涉及包容利益攸关者或参与者和如何"留有余地"？这个问题与我们有关包容有精神疾患和智障人士的信念相关，让他们独处，还是与其他群体混合在一起。另外，让这类社会服务中心在多大程度上提供有计划的项目——社会服务项目和成人教育课程？对这类中心进行分析的学者都同意，非正式的交往即那些没有计划的和没有特定目的的相互交往，才是这类中心存在的真正意义。例如，康拉德松（2003，p. 321）提出，我们不应该追究这类中心的责任，因为它们并没有提供更多的"服务"——它的意义在于让人们有个"相互联系和简单相处"的地方。如果推行正式的和有计划的相互交流（如教室式的教学），参与者可能会受到限制。

当我们考虑交往的管理问题时，从中心管理者的角度看，通过管理能让中心的运行比较顺利，保证一个群体和个人的需求不要凌驾于其他人和群体之上，以至排除掉一些人。这一点似乎是明确的。如果这些中心正在给有精神疾患和智障的人们提供服务，那么，它们对不同行为和相互交往形式的管理更为复杂。在帕尔（2000）对诺丁汉那个中心的描述中曾经说到，那个中心晚上有一个专门针对有精神疾患和智障人士的开放时间，似乎给使用者提供了"包容的空间"；另一方面，在墨尔本的案例中，人们批判了这类特殊开放时间，认为它是过分控制的（佩尔莫泽尔，2001），迎合了街区住宅其他使用者对有精神疾患和智障人士非正常行为的不满。

这类社会服务中心应该在多大程度上通过提供正式项目来补充非正式的相互交往，有关这个问题的答案也同样是不清楚的。有这类中心提供的项目的确可以帮助地方使用者，能够通过项目设计满足他们的特殊需要。在那些移民没有机会得到语言训练的地方，语言课程能够让他们受益；就业阅读项目也同样对他们有所帮助；专门医疗服务和社会服务供应者可能在这类中心的运营中起到很大作用。但是，使社会服务中心成为基本社会服务供应者，成为社会服务体系中的一个部分，都是分析家们不赞同的选择。例如，佩尔莫泽尔（2001，p. 191）指出，相关政府当局希望让成人教育项目更为正式一些，坚持认为，比较正式的成人教育项目才能够比较精确地得到检验，这样，这类社会服务中心就必须建立起类似教室那样的布置方式。她认为这种倾向已经威胁了街区住宅这类社会服务中心那种家庭式的布置方式及其相关氛围。街区住宅这类社会服务中心正在被纳入正式教育体系之中，较之于正式教育，它们承担的非正式的社会相互交流就显得不那么重要了。相类似，对于诺丁汉的那个中心，帕尔（2000，p. 227）做了这样的描述：

> 由社会服务经理带来的新的行政管理措施威胁到了社会服务中心的"随意性"。这些措施包括，记录参加人员，在个别成员的"看护人员"和陪送人员之间建立起正式的通信联系。从某些方面讲，这种管理可以看成地方政府正在努力"填补"社区关照网络中的"漏洞"，确保精神疾患者得到良好的照顾。一个更圆满的解释是，国家正在寻求扩大它对这类有问题人口的监控，确保对正式精神病院之外的空间实施控制和管理。

在这两个案例中，政府资助部门认为，原来发生在社会服务中心的自由邂逅，比起在服务提供者和服务使用者之间的导向性邂逅，就不那么重要了。只有在服务提供者和服务使用者之间建立起正式关系，才有可能把这些中心纳入社会服务体系中。如果这类中心的工作人员得到政府资助，他们就有义务接受政府对他们工作的检查，以顺应这种愿望。

正如我们已经看到的那样，这些社会服务中心以非正式的方式关照广泛的人口，其基本目的是促进人们之间的相互交流。但是，直接服务于特殊群体的场所可能变成超出这个特殊群体之外的人口邂逅的场所。这是学校和其他教育机构的特征之一，学校成为学生父母乃至祖父母相互交流的场所。每一种提供服务的机构都没有与幼儿教育机构相同的相互交流的发展潜力；青少年教育机构之所以能够承载广泛的地方居民之间的交流，是因为父母亲每天都要接送他们的孩子，同时，学校鼓励家长们参与教育机构的活动。这样，在这些家长之间就有了有目的的会面，他们共同关注的一个主要问题是，他们与孩子同在一个大家庭中。

新西兰的"游乐中心"就是一个长期建立起来的例子。1940年，新西兰建立了第一个父母合作社式的游乐中心。1948年，新西兰建立了一个国家组织"新西兰游乐中心基金会"。现在，新西兰全国遍布这类游乐中心。这种中心的目标有两个，一是教育儿童，二是支持父母和他们的家庭。父母负责维护游乐中心，维修中心的建筑和设备。这里描述了父母及其整个家庭如何参与到儿童早期教育："在一个典型的游乐中心的开放时间里，从刚出生的婴儿到学龄儿童或青少年与他们的家长在一起游戏，让孩子们得到广泛的学习经历"（http://www.playcentre.org.nz）。在这种安排下，成年人与成年人相遇，为了共同的目标一起活动，而在其他情况下，他们可能永远不会相遇。这就是阿明（2002）所说的"微型公共空间"，它能够成为参与者重要的联系点。"新西兰游乐中心基金会"最近的报告指出，游乐中心的积极成果是，在新西兰地方居民中产生了广泛的交往和社区感（鲍威尔，2005）。

现在，不同民族和文化群体之间在游乐中心的交往变化多样，当然，交往的机会是在家长共同合作维持中心运行和参与教育的过程中出现的。游乐中心强调了文化包容，把各种文化引入到毛利文化和白人定居者文化之中。当然，研究发现，在那些人口文化混合地区，文化包容并不一定在所有的游乐中心都转换成为广泛的和可持续的多元文化交往。一些族群倾向于集中到一些特定的游乐中心（威滕，2005）。在第六章中，我们从理论上提出过这个观点，贝克（2002）认为，国际化的安排并不能确保所有居民都成为国际化的居民。一些毛利族群的家长过去曾经在游乐中心遇到过种族歧视问题（里奇，2003，p. 12），所以，他们避开那样的游乐中心。当然，一些移居新西兰的母亲们报告说，即使参与一个游乐中心的族群是有限的，游乐中心的不期而遇对她们及其她们的家庭安居在这个国家还是很有帮助的。一些来自亚洲的族群，因为祖父母参与娱乐中心工作日的教育活动，父母参与晚上和周末举行的游乐中心管理事务会议，而受益不浅（秦和刘，2004）。"提供额外教育活动"的游乐中心特别吸引亚洲族群的儿童。这些游乐中心的教育活动中包括了亚洲文化的内容，当然，把这些材料放到游乐中心需要与非亚裔族群的家长进行协商。在另一个例子中，印度妇女发现，参与游乐中心对于她们建立新的社会关系十分重要，否则，她们会成为奥克兰孤独的移民群体（德苏扎，2005）。

当代新西兰在地方管理方面特别重视建立社区、社区组织和政府部门间的合作关系，正在建立长期的和草根组织，如这类"游乐中心"（拉内尔和格雷，2005）。这类组织不仅仅要求地方居民在社会服务方面进行协调，而且要求那些在地方发展和协商方面训练有素的地方居民，特别是妇女，参与正在出现的区域和社区的合作事务中来。拉内尔和格雷引述了一个社区发展经理的看法，"游乐中心通过训练项目，给我和这个社区的许多妇女，提供了个人发展的机会。这是我的一个重要转折点，让我走上了从未指望过的事业之路"（拉内尔和格雷，2005，p. 411）。这个妇女谈论了她在娱乐中心做志愿者的经历，以及她参与娱乐中心提供的训练项目，以致她可以承担她现在的工作。当然，依赖这样的组织提供和管理社会服务还存在许多不尽如人意的地方。由志愿者运行的组织，如游乐中心，常常产生出社区活动分子，在地方背景条件下形成他们的政治要求。如果他们现在成为管理和社会服务提供合作组织的成员，那么他们的角色将会改变，基本上不再是社会活动分子。在新的合作制度下工作的人们，他们曾经受到如游乐中心这类草根组织所提供的训练，现在有了新的角色，他们需要把过去的政治主张变成使用技术术语和从技术上考虑的战略规划。他们面临的挑战类似于社会服务中心在随意性方面所遇到的挑战。我们已经在前面提到过这个"随意性"问题。

在成为人们邂逅场所方面，社会服务中心几乎与那些为经济上被边缘化的人们提供服务的其他机构别无二致，也与游乐中心区别不大。到"社会服务中心"去的人常常不乏新到的移民，而"游乐中心"在不经意中承担起了儿童青少年的教育功能。有目的的针对新来者而建立起来的"社会服务中心"可能成为移民群体的邂逅场所。换句话说，这类中心认识到了新来者需要一个场所进行社会交往——或者它们特别关照某个国家或某个民族的移民。例如，在后一种情况下，来自一个特定国家的移民聚集在一个社会服务中心，这个中心可能会阻碍更为广泛的社会群体在这里进行社会交往，而只是满足了特定群体的需要。这种情况可能并不清晰可见，但是需要关注。也许这个观点再一次表达了我们在第三章中对查验式思维模式的批判。针对移民的社会服务中心，与针对被社会边缘化群体，如无家可归者和走出精神病院的精神疾患者的社会服务中心一样，都与政府服务提供者建立了多种形式的合作和关系，社会服务中心的重点是邂逅，而不是社会服务供应。正如米歇尔（2001）对20世纪90年代温哥华情况的描述一样，移民的组织能够成为给移民社区提供社会服务的分包机构，而政府不再承担直接的社会服务供应工作。当然，这样的社会服务中心可能不同于为经济上被边缘化的人们提供服务的社会服务中心，因为为移民服务的社会服务中心可能接受来自海外的资源，特定国家的移民可能支持为他们同胞服务的社会组织，如这类社会服务中心（米歇尔，2001）。

也有一些针对移民的社会服务中心并不严格针对某一个国家的移民。在墨尔本的内城地区，教会承担着这类功能，特别服务于来自海外的信仰基督教的大学生（常常来自东南亚地区）（芬彻和肖，2006）。这些都是不在城市规划师和决策者计划之列的组织。但是，这些组织有可能在人们的交往中得以产生，尽管它们是临时的，规模也相当有限，但是，它们正在促进着新到者之间的交往，它们的功能如同米歇尔（2001）在描述温哥华移民组织时所提出的那种"影子状态"的社区组织。这些组织尽最大努力吸引新到者而不是那些老居民进入他们的群体。不仅仅给他们增加单独的宗教服务，还给他们组织圣经学习小组，通常在小组成员的家里，每周相聚一次。教会十分清楚新到这个地区的海外学生数目、他们的国家和特点。教会也知道，他们有效地提供服务，如果没有其他类似活动的话，许多学生都会来做礼拜，也许会保持下去。由教会组织的邂逅形式并不限定特定的"群体"，任何愿意参加的人都可以来。

社会服务中心关注建设一个家庭式的氛围，是适应那些被社会边缘化了的人们，而教会是努力形成朋友式的群体，举行社会活动（如圣经学习小组，专门的学习时间）。如同社会服务中心的情形，这些有组织的邂逅尽管初衷是向所有人开放，但最后常常成为那些有着一定兴趣和特征的人们之间的交往。墨尔本教会的特殊使命是针对海外学生的，结果是来自东南亚的学生到一些教堂，而来自欧洲学生则到另外一些教堂去，还有一些来自他们国家的特定教会，于是，他们到了墨尔本以后依然集中在那些教会。

最后这个案例不是城市规划师如何组织那些认定他们具有某种特征的群体的邂逅。我们在这里拿出这个案例是为了说明，这类活动的规划怎样特别关注家庭式和近人情的规模。这是一个十分明确的战略，是城市规划师和城市决策者在做社会规划工作时可能需要考虑的。

小结

这一章，我们提出了三个针对邂逅的规划案例。第一个案例是有关街头节日的，关注针对邂逅和社会孤独的规划，没有强调重新分配和认同这两类社会逻辑（尽管有些街头节日关照了、认同了或包括了特定的群体，而冷落了其他）。第二个案例涉及执行新的公共图书馆愿景，这个新的公共图书馆愿景旨在发展图书馆读者之间和读者和工作人员之间的交往，同时保持公共图书馆的长期传统，公众免费使用公共图书馆的设施和借阅馆藏资源。这里针对邂逅的规划强调了重新分配，图书馆服务和空间的使用者既是公民（自由接近图书馆），也是陌生人（不用任何方式标志他们的身份，也没有任何隐喻，如一些人比另一些人更"适合于"图书馆空间）。第三个案例是关于社会服务中心的规划，鼓励陌生人随意进入的地方，地方居民了解这类中心的使用者的特征范围。这是与认同一致的针对邂逅的规划，中心了解会来这个中心活动的人们的特征，中心特别欢迎这类使用者。

我们强调了针对邂逅的规划要想成功就需要"灵活机动"的方式——没有针对个人的微观管理，也没有专门的群体兴趣或身份。规划创造的是社会交际的机会，允许参与者决定他们自己的社会交往形式。另外，我们强调了针对邂逅的规划，要求它所创造的机会是建立在日常生活背景上的，而不是建立在偶然发生的特殊事件之上。创造可以感觉到安全的随意空间是邂逅规划最具生命力的特征。

我们在给这个针对邂逅做规划的案例章节做结论时，把这些一再强调的观点推而广之，出现了两个问题。第一，当邂逅空间如同家庭或日常生活的空间，不期而遇会怎样如期而遇。新图书馆空间的设计师已经创造了"城市的起居室"，以鼓励陌生人共享公共空间；社会服务中心的设计师已经创造了如同家庭一样的房间和功能，以便让访问者感觉舒适惬意。这两类规划设计的共同点是有意识地规划熟悉的、平常的和家庭的尺度。甚至在街头节日的案例中，规划出来的活动也是相对非正式和随意的，而不是正式的庆典。在这种非正式的氛围中，人们进行着平常类型的社会交际，尽管有熟悉的布置，却总有不同的感觉。在这种与日常生活有相似感觉的氛围中邂逅如何红火起来时，我们还是对无政府主义的观念有所限制。

第二个问题是，当我们允许多种活动同时发生，实施比较严密的管理，让相对自由的交往活动同处一地，它们之间必然会出现矛盾。于是，我们看到了大手笔而不是小手笔的邂逅规划，其结果可能不尽如人意。我们可能试图给邂逅空间增加额外的功能，那将从整体上减少自由社会交际的机会。在公共图书馆的案例中，我们指出过这一点，试图管理不同群体使用者同时存在，特别是为那些有着共同特征或兴趣的群体划分空间或做分区。当然，这样做的后果之一是，限制了多种多样陌生人的同时出现，而规划正在照顾一定群体的利益。对于社会服务中心来讲，试图提供社会服务机构所提供的服务，或者为了接受资助而把社会服务中心改造成为教室式的布置，都受到了批判，因为这样做的后果是，放弃了社会服务中心最为关键的"自由进入"的目的。为了在城市里创造成功的邂逅空间，保持它们不期而遇的空间本色，"灵活机动"的方式做规划是至关重要的。需要避免在这些空间里加载其他有目的的活动。

贯穿全书，我们已经间接地提到了城市社会关系变更这一论题。就邂逅的社会逻辑而言，不期而遇的人们没有身份标记，也没有群体标记，所以，我们可以看到每一个都市人所具有的各式各样的特征和形式，正是从这个意义上，我们认为邂逅具有潜在的变革性。承认邂逅，讨论让规划的场所成为人们邂逅场所的方式，讨论是否有对社会群体更清晰地认同，有更明确地重新分配的目标和措施，就可以"改善"那些社会交往的场所，都是十分重要的。

第八章

结 论

我们在第一章里提出了寻求城市公正多样性的理由。它从理论上解释了规划的社会目标，也考察了如何在实践中实现这些目标的方式。我们使用了三个社会逻辑起点来概括这个愿望，重新分配、认同和邂逅。它们对于把我们有关"城市权"的注意力转移到不同角度上会有所裨益。试图形成一个具有比较公正的多样性城市显然是一个常规的行动，是对理想目标的一种追求。但是，贯穿本书的各个章节，有一点是明显的，规范可以简单地得到表达，然而，规范从来没有简单地得以实现，或者从来也没有在整个现实的规划体制中被确定下来。对于规划师试图改善城市建筑环境或公共服务社会条件的每一个地方而言，规划师都面临争议、权利关系、政府及其管理的变更和传统方式的惯性。

因为我们总是通过与执行相关的决策规则来解释这三个社会逻辑起点，这种解释会随时随地发生变化，所以，这就进一步增加了整个理论的复杂性。例如，正如我们已经看到的，社会公共服务规划中的重新分配常常意味着针对非常贫穷人口的社会服务供应，试图通过给他们提供公共服务，让他们进入"工作福利制"的项目中来。过去几十年，社会服务重新分配规划一直没有采用这种确切的形式。在那些人口状况相对简单的地区，如远郊居民区，认同意味着，移民申请建设不同的公共建筑，反对这类变化的老居民支配着规划审批过程，于是，这类申请陷入了泥潭。当然，如同联合国儿童基金会倡导的建设"儿童友好城市"的纲领，具有愿景的发展纲领正在成为指导地方规划思想和实践的指南，在这种情况下，使用地方建筑环境实现认同的方式才能够出现。

从本书描述过的多种规划干预中，我们已经看到了如下决策规则。（它们不过是沧海一粟，但是，它们在我们讨论的案例中的确明显存在。）

(1) 在针对重新分配的规划中：

①公平分配不同地区和针对不同收入群体的公共财政支出；

②创造社会混合。

(2) 在针对认同的规划中：

①分析社会或身份群体，在他们之间分配公共资源；

②设计跨群体的项目，给这些项目分配公共资源。

(3) 在针对邂逅的规划中：

①提供多种多样的地方社会和经济基础设施；

②鼓励邂逅者；

③为邂逅创造安全和明显的空间。

有关这些决策规则，我们能说些什么？它们能够怎样对实践中的重新分配、认同和邂逅规划有所帮助？正如我们在第四章中所看到的那样，指导实践的决策规则需要证明，规划理论思想能够经受得起批判。这些决策规则所能起到的作用是，给我们展示一些不同背景条件下，甚至在面对权利争斗、政治变更和惯性时，规划师试图应用的"经验法则"。每一组规则都试图展开一个比较抽象的观念，形成与这种中心观念相关的实践活动的基础。我们认为这些决策规则就是有关如何实现目标的思维方式，当然，它们远不是指导规划行动的完整指南。它们依然给各种解释留下了空间，什么是对一件事情的公平分配？我们希望能够列举出更多的决策规则，成为解释本书中提出的社会逻辑的基础。

另外，这些决策规则也显示出，努力把握住关注人口的"群体"属性和群体之间的相互作用是制定规划的根本。人口群体成为编制公正多样性社会规划的基本因素。但是，如何把握住群体属性的问题众说纷纭。在我们列举的每一个决策规则中，群体特征、群体之间的边界、相似性、竞争和他们在一定条件下的联合，都是由规划师做出的判断。例如，与重新分配相关的决策规则涉及收入群体，在一个街区里的若干特殊收入群体和他们在其他地区的混合。对于认同而言，决策规则通常涉及按照民族划分的移民特征。在规划战略中，我们看到了涉及社会群体的各种资源分配方案。在这些分配方案中，有些群体是群体成员自己认定自己，并给自己的群体某个标记，而规划师在这个基础上，形成资源分配方案；有些群体隐藏自己的身份，再与其他"隐藏身份"的群体形成一种新的身份群体，规划师在这种基础上，形成资源分配方案。就邂逅规划而言，规划师在设计空间和场所时，必须理解"一群"陌生人或相互不认识但共享某些特征的个人，他们正因为如此对这个空间和场地有些不熟悉。

当然，这本书和这本书中所列举的决策规则，从把人看成具有固定身份的人推进到没有固定身份的人，在此基础上思考规划。涉及重新分配的规划方式把具有平等需要的人归为同样的人，但是，他们具有不同的收入。涉及认同的规划方式把人和群体看成具有多种属性的固定身份的人。但是，寻求承载邂逅的规划在考虑群体特征方面是相当宽松的，也不再严格且永久性地把某些特征与某些人联系起来。做邂逅规划意味着推进短暂的交往和比较稳定的交往，承认城市居民在多种情境和多种背景下采用的群体身份中都是陌生人。这是一种规划方式。

在思考这些不同社会逻辑理解的城市居民——作为市民，群体成员和陌生人——的方式中，理解人和城市的特定方式会影响规划的思路和实践。这一点已经变得清晰起来。我们的例子说明了，在不同背景下工作的规划师和城市决策者，怎样来理解他们地方人口的性质，怎样对应这样的理解来制定不同的战略。正如法因斯坦（2005）所说，这些比较宽泛的城市理论必然会影响到规划的效率。通过这本书，我们希望证明的是，跨学科的理论文献，而不仅仅是技术性的规划文献，能够给我们提供这种知识。

事实上，这本书所采用的规划角度是非常宽阔的。关注规划思想和实践的社会逻辑基础需要这样广阔的视角。除开土地使用规划外，社会服务的供应同样已经成为规划的一个重要部分。在不同的决策构成中，对国家政策纲领及其在地方层次上的执行进行协商，都是规划师工作的一个部分。尽管规划师出现在多种组织中，政府、企业和社区，但是，我们还是强调规划师与公共部门的紧密联系，强调他们与公共利益解释的紧密联系。我们希望通过本书的大量例子和对规划师所处决策背景的详细描述，说明规划工作的多样性和复杂性。另外，我们通过大量的例子说明，规划工作中的政治立场不可忽视，因为公共部门的政治决定了规划师必须采用的政治立场。

在对本书做出总结时，我们希望对前面章节的内容及其相关的命题和说明提出五个观点。

第一，从案例章节，即第三章、第五章和第七章中，我们可以看到，规划实践很少单独表达一个社会逻辑。例如，认同规划承认重新分配和邂逅的某些方面，在规划涉及地方具体情况和知识时，规划集中到地方尺度时，情况更是如此。重新分配、认同和邂逅是交织在一起的，当然，这并不意味着我们不能把这些问题和逻辑起点分开研究。事实上，只有通过对这些社会逻辑的条分缕析才能使它们明晰可见。分析地了解这三个社会逻辑起点，可能让我们明确，一个规划之所以成功是因为它同时反映了三个社会逻辑，而不那么成功的规划是因为它没有从三个方面来理解多样性。

当然，我们知道这种方式会面临挑战，因为只要我们以不同的方式看待这个案例，用来说明一个社会逻辑起点的案例事实上常常也可以用来说明其他的社会逻辑起点。在某种背景情况下，规划师可能把一个规划纲要或地方行动看成对一个群体利益和需要的认同，而我们则从社会资源重新在各式各样群体间进行分配的角度解释这个规划纲要和地方行动。第五章有关儿童友好城市、社会公共服务的供应和对移民提出的申请给予批准的案例就说明了我们这个观点。在那一章中，我们选择针对移民的公共服务作为认同规划的案例，重新分配社会资源，承认移民在新地方落脚时处于弱势，和接受特殊援助带来的好处。我们也把建设儿童友好城市作为说明认同规划的例子，并且仅仅说明了认同这样一个社会逻辑起点，新的地方总体规划在设计时考虑到了儿童的利益。当然，我们也可以用这些案例去说明其他的社会逻辑起点。也就是说，儿童友好城市也可以从重新分配的规划角度加以解释，通过规划，把公共资源用来提高儿童发展。批准移民建设具有他们文化符号的公共建筑的土地使用规划能够单独看成是一种认同行为。当然，人们也可以从其他两个社会逻辑起点上来看待这一行为。我们是在手中实际掌握的资料基础上选择如何区别我们的经验，在拒绝弗雷泽（2003，p. 60）所说的那种"后结构主义的反二元论"（认为事物本身是复杂地交织在一起的，所以不值得从概念上把它们分开）的基础上选择区别概念的。当然，现实中需要规划的对象是相互联系的，这一点是清楚的，而主张后结构主义的反二元论观点的人们指出现实世界的事物是相互联系的，也是毫无疑问的。

第二，对三个社会逻辑起点做理论分析，对于建立判断规划行动的分析模式是十分重要的，而对这三个社会逻辑起点的多种解释都是在规划实践中发展起来的。当然，正是在实践中，才出现了重新分配、认同和邂逅，正是在日常生活中和城市经验中，才形成了公正的多样性。规划师以及公众在实践中使用他们的社会逻辑来编制政策和进行实践，以便修正高度政治化的结果。正如我们在本书案例中看到的那样，历史的延续性和社会体制本身也在规划结果中发挥部分作用。选择政府或多或少要考虑到它们的经济表现；国家政策纲领，如多元文化主义，可能得到或得不到政治支持；其他的政策措施可能增强或妨碍使用这三个社会逻辑的可能性。这就是本书中的大量案例的作用。从这些案例出发，即使规划实践发生在不同的体制和空间背景下，我们也能够深入分析规划师改变政策措施的方式，维持规划实践与重新分配、认同和邂逅的联系。

在本书的许多章节中，我们都能看到使用三个社会逻辑的规划实践，看到广泛的政策变化怎样影响着这些规划实践可能性的案例。在第五章中，一些规划分析家，如卡迪尔（1994）认为，国家多元文化主义的政策纲领有助于在安大略省引入旨在帮助移民群体建设具有他们文化符号公共建筑的土地使用规划实践。如果没有如此积极意义上的国家政策纲领，情况将会是什么样，这是现在存在的问题。这一章中的另一个例子，最近受到广泛欢迎的联合国"儿童友好城市"纲领引起规划师和政策制定者注意具有积极意义的规划，以提高儿童在城市中的生活质量，不要用儿童单独使用的设施把儿童隔离开。正如我们在第三章中看到的那样，过去几十年，地方规划师能够利用支持地方幼儿园供应的国家政策，通过他们在地方和国家政府关系方面的训练，改善从业父母特别是从业妇女的境况。什么社会群体有可能得到国家政策纲领的支持，什么样的规划方式有可能创造一个公正多样性的城市，都是令人感兴趣的问题。儿童就是一个可以得到国家政策纲领广泛支持的社会群体。移民在一些国家也能得到国家政策的支持。其他群体，如同性恋群体，比较有可能得到地方政策而不是国家政策的支持。公正多样性显然是一个国家的政策问题，所以，有时能够进入国家政策框架内。

这就引出了我们的第三个观点。有些具有影响力的批判认为，以地方为中心的规划是通过地方居民及其草根组织来实现其规划目标的。这种规划是新自由主义小政府所存在的弊端反映。地方中心不一定能够承担起较高层次政府在空间重新分配方面的责任。例如，麦格克（2005）提出，表面一致的新自由主义并没有掩盖这样一个事实，实际的管理模式多种多样，尽管国家现在采取了不同于凯恩斯福利国家时代的政治价值观念，国家依然保持着空间规划的能力。她在考察悉尼都市规划历史时提出：

> 新自由主义的都市规划已经明确地看到了新的空间和社会后果，它们是有计划的移植来的。如果从社会民主政策目标的角度把这种隐退看成是国家放弃对空间调整的政治和体制影响的话，那将是一个错误（麦格克，2005，p. 64）。

拉尔内（2005）提出了类似的观点，她在考察了新西兰"新自由主义的"以场地为基础的规划后说，我们可能"正在讲述有关规划的存在偏见且可能过分悲观的故事"，"一个全新的社会关系正在建立起来，其中只有一些来自新自由主义"（拉尔内，2005，p. 11）。2001 年下半年，新西兰建立了"增强社区行动基金"，同时形成了与此相关的地方制度调整，政府部门与地方市民和社区组织结合起来，利用"地方知识"处理社会问题（如同我们在第六章中讨论的"安全城市目标"一样）。拉内尔（2005，p. 14）对比了减少福利国家风格的项目和设计解决地方问题的办法。这些要解决的问题和解决办法部分由地方居民自己决定。她发现，通过这种合作关系，地方社区正在出现新的"专家"，而外来的专家和政府部门不再处于支配规划的中心地位。地方上的许多人乐于采用这种新的自主规划方式，也有一些人被排除在地方"专家"队伍之外，这是政治体制变化时的常见现象。

"把注意力从大都市区尺度缩小到地方尺度"，特别是"寻求城市社会、经济发展和环境可持续在内的全方位规划"的场地管理方式，当然"能够掩盖因为采用这种发展方式而带来的空间不平等"（拉内尔，2005，p. 64）。例如，如果我们集中关注地方本身的状况，那么，我们就没有办法去比较区域或大都市区规划中其他地方的状况，无法回答重新分配的问题。

然而，这一点也是清楚的，国家和区域的政策纲要不能完全决定追求重新分配、认同和邂逅的地方规划行动。正如第五章中儿童社会关照设施供应的案例，地方力量能够以不同的方式处理地方特殊约束条件和寻求机会，实现适应地方的独特目标。尽管反应方式因地而异，但是，了解其他地方采用的方式还是十分有意义的。实际上，"地方的"规划师需要形成地方工作网络，这既是一种影响地方改革和创造适应地方条件可能性的方式，也是形成新观念的途径。这种因为获取跨地方知识和推进地方间相互联系的好处是明显的。尽管本书中提到的案例都有自己国家的背景，但是，它们都具有可比性。

第四，我们注意到，重新分配的规划似乎没有像针对认同和邂逅的规划那样提供"成功的"案例。在结果显现之前，进行重新分配必须具有一定的尺度。可能是因为尺度问题，我们没有看到"成功的"案例。对地方建筑环境稍作调整，或者在公共场所偶尔举行一些社会活动，例如每年一度的街头节日，或者在街上修建一座清真寺，都可以体现认同，提供地方居民邂逅的机会，所以，我们可以看到针对认同和邂逅的成功规划案例。但是，重新分配很少能够出现在这样的时空尺度上，甚至在公共资源的确通过规划产生了重新分配的效果时，例如建设新的公共图书馆事实上等于重新分配了社会资源，要收集到足够的证据来说明重新分配，依然不易。例如，在第七章中，我们提到英国最近就"在城市相对弱势地区建设新公共图书馆"的问题展开了讨论，这场讨论的重点是在弱势地区建设建筑形式突出的公共图书馆。这些建筑在高质量的学习空间里的确为邂逅提供了新的机会，而它们在重新分配方面的影响很难得到判断，需要收集各类证据，如谁实际使用这些公共设施（他们是地方居民还是来自这个地区之外的人们），图书馆的馆藏是否正在得到使用（或者说，这些建筑是否只是一个集会空间，因为那里没有这类空间）。

　　第五，这些章节和讨论的案例是否留下了这样的线索，那些规划实践和概念仅仅是确定的，即保持原状，还是那些规划实践和概念是变动性的，即允许出现不同的结果？当然，我们承认，一个规划究竟是确定的还是变动的因实际情况而变，没有预料到的结果总会发生。我们也承认，未来不可预测，所以，我们不能事先想像出可能发生的变动。对于那些有意识地在规划中应用三个社会逻辑的案例，结果更有可能是变动的和持久的。或者说，在三个社会逻辑得到理解的情况下，即使缺少规划干预的结果，我们也会对应该做什么或曾经应该做什么进行过最深入的探索。返回到第二章，有关波士顿和北京城市更新案例的分析结果是极端重要的，而这些分析家在三个社会逻辑基础上所进行的探索也是相当广泛的。相对于每个城市已经发生的情况而言，我们现在理解，适当的城市更新要求对那些相对较穷的原住民给予重新分配的承诺，要求详细了解（认同）规划所涉及人群的特征和愿望，要求考虑到他们对私密性和与地方其他居民共享公共空间（邂逅）的看法。

以特定的方式把三个社会逻辑联系在一起以争取最好的结果，这是我们要提出的另外一个观点。虽然重新分配的计划需要确保适当地分配资源，但是在做针对邂逅的规划，有意识地没有预先确定群体的特征时，掌握规划所涉及的群体所处背景，可以更有效地"了解"或认识群体。富裕和贫困之间的差距极大，不会发生不期而遇的交往，事实上是最彻底地排除了邂逅的机会。另外，三个社会逻辑的相互作用，即在特定背景下一起使用它们来理解和规划，可能证明成功的规划也是有矛盾的，联系在一起的三个社会逻辑起点似乎会与采用一个社会逻辑起点时所确认的正确发展方向相反。第七章中就有这样一个案例，一个成功的针对邂逅的规划如何需要在任何一种相互交往周围建立起边界来，而不是向所有的交流形式开放一个事件或场地。同样，正如我们已经看到的那样，社会服务中心依照家庭特征布置起来，而常常只对一定的陌生人们开放。公共图书馆虽然向所有"公众"成员开放，然而，它们保持一定形式的社会交往而不允许其他，这样，任何人有可能与其他人共享这个空间。虽然街头节日允许最广泛的人群参与，然而，街头节日是有时间限制的，很少有超过两三天的。所以，针对邂逅的规划并没有假定，它会鼓励在一个事件中或一个公共场所在无限的时间里可以进行所有形式的社会交往，事实上，陌生人之间将要发生的社会交往形式，认识到的或可能出现的都需要预测和小心翼翼地为它们做出规划来。

重新分配、认同和邂逅这样三个社会逻辑对于规划来讲既是规范也是工具，代表着进步的社会愿望。这些社会逻辑起点以及从中演绎出来的决策规则，可以用来拷问规划战略，探讨其他的可能选择。如果边学习其他社会背景下的规划实践和思考方式，边使用这些理论武器，注意一个非常有效率的规划怎样要求在国家和地方公共事务圈里机智地进行协商，我们就不需要过分担心把长期形成的规划的社会规范搁置一边。

参考文献

Ahmed, S. (2000) *Strange Encounters: Embodied Others in Post-Coloniality* (London and New York: Routledge).

Aitken, S. C. (2000) 'Mothers, communities, and the scale of difference', *Social and Cultural Geography*, Vol. 1(1), pp. 65–82.

Albrow, M. (1997) 'Travelling beyond local cultures: socioscapes in a global city', in J. Eade (ed.), *Living the Global City: Globalization as a Local Process* (London and New York: Routledge), pp. 37–55.

Allmendinger, P. and Tewdwr-Jones, M. (2002) (eds), *Planning Futures: New Directions for Planning Theory* (London and New York: Routledge).

Alstad, C. and Curry, A. (2003) 'Public space, public discourse and public libraries', *LIBRES*, Vol. 13(1), (available at http://libres.curtin.edu.au/libres13n1/).

Amin, A. (2002) 'Ethnicity and the multicultural city', *Environment and Planning A*, Vol. 34(6), pp. 959–80.

Amin, A. and Thrift, N. (2002) *Cities: Reimagining the Urban* (Cambridge, UK: Polity Press).

Anderson, K. (1990) '"Chinatown re-oriented": a critical analysis of recent redevelopment schemes in a Melbourne and Sydney enclave', *Australian Geographical Studies*, Vol. 28(2), pp. 137–54.

Anderson, K. (1991) *Vancouver's Chinatown: Racial Discourse in Canada, 1875–1980* (Montreal and Kingston: McGill–Queen's University Press).

Anderson, K. (1998) 'Sites of difference: beyond a cultural politics of race polarity', in R. Fincher and J. M. Jacobs (eds), *Cities of Difference* (New York: Guilford Press,), pp. 201–25.

Arthurson, K. (2001) 'Achieving social justice in estate regeneration: the impact of physical image construction', *Housing Studies*, Vol. 16(6), pp. 807–26.

Arthurson, K. (2002) 'Creating inclusive communities through balancing social mix: a critical relationship or tenuous link?', *Urban Policy and Research*, Vol. 20(3), pp. 245–61.

Bauman, Z. (1995) *Life in Fragments: Essays in Postmodern Morality* (Oxford: Blackwell).

Beck, U. (2002) 'The cosmopolitan society and its enemies', *Theory, Culture & Society*, Vol. 19 (1–2), pp. 17–44.

Benhabib, S. (1996) *Democracy and Difference* (Princeton: Princeton University Press).

Benhabib, S. (2002) *The Claims of Culture: Equality and Diversity in the Global Era* (Princeton: Princeton University Press).

Benhabib, S. (2004) 'On culture, public reason, and deliberation: response to Pensky and Peritz', *Constellations*, Vol. 11(2), pp. 291–99.

Berlant, L. and Warner, M. (1998) 'Sex in public', *Critical Inquiry*, Vol. 24(2), pp. 547–66.

Berman, M. (1986) 'Take it to the streets: conflict and community in public space', *Dissent*, Vol. 33(4), pp. 476–85.

Binnie, J. and Skeggs, B. (2006) 'Cosmopolitan knowledge and the production and consumption of sexualised space: Manchester's Gay Village', in J. Binnie, J. Holloway, S. Millington and C. Young (eds), *Cosmopolitan Urbanism* (London: Routledge), pp. 246–53.

Blakeley, E. and Snyder, M. (1997) *Fortress America: Gated Communities in the United States* (Washington: The Brookings Institution).

Body-Gendrot, S. (2000) *The Social Control of Cities: A Comparative Perspective* (Oxford: Blackwell).

Brain, D. (1997) 'From public housing to private communities: the discipline of design and the materialization of the public/private distinction in the built environment', in J. Weintraub and K. Kumar (eds), *Public and Private in Thought and Practice: Perspectives on a Grand Dichotomy* (Chicago: University of Chicago Press), pp. 237–67.

Brennan, D. (2002) 'Australia: child care and state-centered feminism in a liberal welfare regime', in S. Michel and R. Mahon (eds), *Child Care Policy at the Crossroads: Gender and Welfare State Restructuring* (New York and London: Routledge), pp. 95–112.

Brennan-Horley, C., Gibson, C. and Connell, J. (2006) 'The Parkes Elvis Revival Festival: economic development and contested place identities in rural Australia', *Geographical Research*, Vol. 45(1), pp. 71–84.

Briggs, X. (2003) 'Re-shaping the geography of opportunity: place effects in global perspective', *Housing Studies*, Vol. 18(6), pp. 915–36.

Brodie, J. (2000) 'Imagining democratic urban citizenship', in E. Isin (ed.), *Democracy, Citizenship and the Global City* (London and New York: Routledge), pp. 110–28.

Bryson, J., Usherwood, B. and Proctor, R. (2003) *Libraries Must Also Be Buildings? New Library Impact Study* (Sheffield: The Centre for Public Libraries and Information in Society, Department of Information Studies: University of Sheffield).

Burnley, I., Murphy, P. and Fagan, R. (1997) *Immigration and Australian Cities* (Sydney: Federation Press).

Calhoun, C. (1994) 'Social theory and the politics of identity', in C. Calhoun (ed.), *Social Theory and the Politics of Identity* (Oxford: Blackwell), pp. 9–36.

Campbell, H. (2006) 'Just planning: the art of situated ethical judgment', *Journal of Planning Education and Research*, Vol. 26(1), pp. 92–106.

Campbell, H. and Marshall, R. (2000) 'Moral obligations, planning and the public interest: a commentary on current British practice', *Environment and Planning B*, Vol. 27, pp. 297–312.

Castells, M. (1983) *The City and the Grassroots* (Berkeley: University of California Press).

Castells, M. (2003) *The Power of Identity: The Information Age – Economy, Society and Culture, Volume 2* (Oxford: Blackwell).

Certeau, M. de. (1984) *The Practice of Everyday Life* (Minneapolis: University of Minnesota Press).

Chan, W. (2005) 'A gift of a pagoda, the presence of a prominent citizen, and the possibilities of hospitality', *Environment and Planning D: Society and Space*, Vol. 23, pp. 11–28.

Cohen, E. F. (2005) 'Neither seen nor heard: children's citizenship in contemporary democracies', *Citizenship Studies*, Vol. 9(2), pp. 221–40.

Commission for Architecture and the Built Environment. (2003) *Better Public Libraries* (London: Commission for Architecture and the Built Environment, Resource).

Conradson, D. (2003) 'Spaces of care in the city: the place of a community drop-in centre', *Social & Cultural Geography*, Vol. 4(4), pp. 507–25.

Considine, M. (2001) *Enterprising States* (Cambridge: Cambridge University Press).

Cox, E. (1995) *A Truly Civil Society* (Sydney: ABC Books).

Dachner, N. and Tarasuk, V. (2002) 'Homeless "squeegee" kids' food security and daily survival', *Social Science & Medicine*, Vol. 54(7), pp. 1039–49.

Dear, M. (2000) *The Postmodern Urban Condition* (Oxford: Blackwell).

Dear, M. and Taylor, M. (1982) *Not On Our Street: Community Attitudes to Mental Health Care* (London: Pion).

Dear, M. and Wolch, J. (1987) *Landscapes of Despair: From Deinstitutionalization to Homelessness* (Princeton New Jersey: Princeton University Press).

Debord, G. (1995) *The Society of the Spectacle* (New York: Zone Books).

Delany, S. (1999) '…Three, two, one, contact: Times Square Red, 1998', in J. Copjec and M. Sorkin (eds), *Giving Ground: the Politics of Propinquity* (London and New York: Verso), pp. 19–86.

DeSouza, R. (2005) 'Transforming possibilities of care? Goan migrant motherhood in New Zealand', *Contemporary Nurse*, Vol. 20(1), pp. 87–101.

Deutsche, R. (1999) 'Reasonable urbanism', in J Copjec and M Sorkin (eds), *Giving Ground: The Politics of Propinquity* (London and New York: Verso), pp. 176–206.

DeVerteuil, G. (2003) 'Homeless mobility, institutional settings, and the new poverty management', *Environment and Planning A*, Vol. 35, pp. 361–79.

Dikeç, M. (2002) 'Pera peras poros: longing for spaces of hospitality', *Theory, Culture and Society*, Vol 19, pp. 227–47.

Diken, B. (1998) *Strangers, Ambivalence and Social Theory* (Aldershot, UK: Ashgate Publishing).

Doherty, G., Friendly, M. and Forer, B. (2002) *Child Care by Default or Design? An Exploration of Differences between Non-profit and For-profit Canadian Child Care Centres Using the 'You Bet I Care!' Data Sets* (Toronto: University of Toronto, Childcare Resource and Research Unit, Occasional Paper No. 18).

Donald, J. (1999) *Imagining the Modern City* (London: Athlone).

Duany, A., Plater-Zyberk, E. and Speck, J. (2000) *Suburban Nation: The Rise of Sprawl and the Decline of the American Dream.* (New York: North Point Press).

Duffy, M. (forthcoming-a) 'Festival, spectacle' *International Encyclopaedia of Human Geography*.

Duffy, M. (forthcoming-b) 'The possibilities of music: "To learn from and listen to one another …"', R. Bandt, M. Duffy and D. Mackinnon (eds),

Hearing Places: An Anthology of Interdisciplinary Writings (Cambridge: Scholars Press).

Duffy, M., Waitt, G. and Gibson, C. (2007) 'Get into the groove: the role of sound in generating a sense of belonging at street parades', *Altitude*, Vol. 8, http://www.altitude21c.com/, accessed Jan 30, 2008.

Duncan, N. (1996) 'Negotiating gender and sexuality in public and private spaces' in N. Duncan (ed.), *Bodyspace: Destabilizing Geographies of Gender and Sexuality* (London: Routledge), pp. 127–45.

Dunn, K., Hanna, B. and Thompson, S. (2001) 'The local politics of difference: an examination of intercommunal relations policy in Australian local government', *Environment and Planning A*, Vol. 33(9), pp. 1577–95.

Dürrschmidt, J. (2000) *Everyday Lives in the Global City: The Delinking of Locale and Milieu* (London and New York: Routledge).

Elden, S. (2004) *Understanding Henri Lefebvre: Theory and the Possible* (London: Continuum).

Fainstein, S. (2005) 'Planning theory and the city', *Journal of Planning Education and Research*, Vol. 25(2), pp 121–30.

Farouque, F. (2006) 'King of child-care castle pushes for bigger share', *The Age*, March 16, News, p. 2.

Feldman, L. C. (2002) 'Redistribution, recognition, and the state: the irreducibly political dimension of injustice', *Political Theory*, Vol. 30(3), pp. 410–40.

Fincher, R. (1991) 'Caring for workers' dependents: gender, class and local state practice in Melbourne', *Political Geography Quarterly*, Vol. 10(4), pp, 356–81.

Fincher, R. (1996) 'The demanding state: volunteer work and social polarisation', in K. Gibson, M. Huxley, J. Cameron, L. Costello, R. Fincher, J. Jacobs, N. Jamieson, L. Johnson and M. Pulvirenti *Restructuring Difference: Social Polarisation and the City* Melbourne, Australian Housing and Urban Research Institute, Working Paper 6, pp. 29–41.

Fincher, R. and Jacobs, J. M. (1998) (eds), *Cities of Difference* (New York: Guilford Press).

Fincher, R., Jacobs, J. M. and Anderson, K. (2002) 'Rescripting cities with difference', in J. Eade and C. Mele (eds), *Understanding the City: Contemporary and Future Perspectives* (Blackwell: Oxford), pp. 27–48.

Fincher, R and Shaw, K. (2006) 'Encounter by transnational and temporary residents in place', (Paper presented at the regional conference of the International Geographical Union, Brisbane, July).

Florida, R. L. (2002) *The Rise of the Creative Class: And How It's Transforming Work, Leisure, Community and Everyday Life* (New York: Basic Books).

Flyvbjerg, B. (1998) *Rationality and Power* (The University of Chicago Press: Chicago).

Forester, J. (1999) *The Deliberative Practitioner: Encouraging Participatory Planning Processes* (Cambridge, Mass.: MIT Press).

Fraser, N. (1989) 'Women, welfare and the politics of need interpretation' in N. Fraser *Unruly Practices: Power, Discourse, and Gender in Contemporary Social Theory* (Cambridge: Polity), pp. 144–60.

Fraser, N. (1995) 'From redistribution to recognition? Dilemmas of justice in a "post-socialist" age', *New Left Review*, Vol. 212, pp. 68–93.

Fraser, N. (1997a) 'A rejoinder to Iris Young', *New Left Review*, Vol. 223, pp. 126–9.

Fraser, N. (1997b) *Justice Interruptus: Critical Reflections on the 'Postsocialist' Condition* (New York: Routledge).

Fraser, N. (1998) 'Social justice in the age of identity politics: redistribution, recognition and participation' in *Tanner Lectures on Human Values*, Vol 19.

Fraser, N. (2000) 'Rethinking recognition', *New Left Review*, Vol. 3, pp. 107–20.

Fraser, N. (2003) 'Social justice in the age of identity politics: redistribution, recognition and participation' in N. Fraser and A. Honneth (eds), *Redistribution or Recognition? A Political-Philosophical Exchange* (London and New York: Verso), pp. 7–109.

Fraser, N. (2004) 'Institutionalizing democratic justice: redistribution, recognition and participation' in S. Benhabib and N. Fraser (eds), *Pragmatism, Critique, Judgement: Essays for Richard J. Bernstein* (Cambridge, Mass.: The MIT Press). pp. 125–48.

Fraser, N and Honneth, A. (2003) *Redistribution or Recognition*, (London and New York: Verso).

Freeman, C. (2006) 'Colliding worlds: planning with children and young people for better cities' in B. J. Gleeson and N. Sipe (eds), *Creating Child Friendly Cities: Reinstating Kids in the City* (London: Routledge), pp. 69–85.

Gans, H. (1962) *The Urban Villagers: Group and Class in the Life of Italian-Americans* (New York: The Free Press).

Gibson, K. and Cameron, J. (2001) 'Transforming communities: towards a research agenda', *Urban Policy and Research*, 19(1), 7–24.

Gilroy, P. (2004) *After Empire: Melancholia or Convivial Culture?* (London: Routledge).

Gilroy, P. (2006) 'Multiculture in times of war: an inaugural lecture given at the London School of Economics', *Critical Quarterly*, Vol. 48(4), pp. 27–45.

Gleeson, B. (1999) *Geographies of Disability* (London and New York: Routledge).

Gleeson, B. and Kearns, R. (2001) 'Remoralising landscapes of care', *Environment and Planning D: Society and Space*, Vol. 19, pp. 61–80.

Gleeson, B. and Low, N. (2000) *Australian Urban Planning* (Sydney: Allen and Unwin).

Gleeson, B. and Randolph, B. (2001) *Social Planning and Disadvantage in the Sydney Context*, Urban Frontiers Program Issues Paper Number 9, University of Western Sydney.

Goffman, E. (1961) *Encounters: Two Studies in the Sociology of Interaction* (Indianapolis: Bobbs–Merrill).

Gough, D. (2006) 'Fed-up parents push for child care choice', *The Age*, March 26, News, p. 5.

Goulding, A. (2004) 'Libraries and social capital', *Journal of Librarianship and Information Sciences*, Vol. 36(1), pp. 3–6.

Graham, S. and Marvin, S. (2001) *Splintering Urbanism: Networked Infrastructures, Technological Mobilities and the Urban Condition* (London and New York: Routledge).

Hage, G. (1998) *White Nation: Fantasies of White Supremacy in a Multicultural Society* (Sydney: Pluto Press).

Harvey, D. (2003) 'The right to the city', *International Journal of Urban and Regional Research*, Vol. 27(4), pp. 939–41.

Haydn, F. and Temel, R. (2006) 'Introduction', in F. Haydn and R. Temel (eds), *Temporary Urban Spaces: Concepts for the Use of City Spaces* (Berlin: Birkhauser).

Hayward, C. (2003) 'The difference states make: democracy, identity, and the American city', *American Political Science Review*, Vol. 97(4), pp. 501–14.

Healey, P. (1997) *Collaborative Planning: Shaping Places in Fragmented Societies* (Basingstoke and London: Macmillan).

Honneth, A. (1995) *The Struggle for Recognition: The Moral Grammar of Social Conflicts* (Cambridge, USA: Polity Press).

Huxley, M. (2002) 'Governmentality, gender, planning' in P. Allmendinger, M. Tewdwr-Jones (eds), *Planning Futures: New Directions for Planning Theory* (London and New York: Routledge), pp. 136–53.

Illich, I. (1973) *Tools for Conviviality* (New York: Harper & Row).

Imrie, R. and Raco, M. (2003) 'Community and the changing nature of urban policy', in R. Imrie and M. Raco (eds), *Urban Renaissance? New Labour, Community and Urban Policy* (Bristol: The Policy Press), pp. 3–36.

Isin, E. (2000) 'Introduction: democracy, citizenship and the global city', in E. Isin (ed.), *Democracy, Citizenship and the Global City* (London: Routledge).

Isin, E. (2002) *Being political: Genealogies of Citizenship* (Minneapolis: University of Minnesota Press).

Iveson, K. (2006a) 'Cities for angry young people? From exclusion and inclusion to engagement in urban policy' in B. J. Gleeson and N. Sipe (eds), *Creating Child Friendly Cities: Reinstating Kids in the City* (London: Routledge), pp. 49–65.

Iveson, K. (2006b) 'Strangers in the cosmopolis' in J. Binne, J. Holloway, S. Millington and C. Young (eds), *Cosmopolitan Urbanism* (London: Routledge), pp. 70–86.

Jacobs, J. (1961) *The Death and Life of Great American Cities* (New York: Vintage Books).

Jacobs, K., Kemeny, J. and Manzi, T. (2003) 'Power, discursive space and institutional practices in the construction of housing problems', *Housing Studies*, Vol. 18(4), pp. 429–46.

Jacobs, J. M. and Fincher, R. (1998) 'Introduction', in R. Fincher and J. M. Jacobs (eds), *Cities of Difference* (New York: Guilford Press), pp. 1–25.

Jamieson, K. (2004) 'The festival gaze and its boundaries', *Space and Culture*, Vol. 7(1), pp. 64–75.

Jans, M. (2004) 'Children as citizens: towards a contemporary notion of child participation', *Childhood*, Vol. 11(1), pp. 27–44.

Jenson, J. (2002) 'Against the current: childcare and family policy in Quebec', in S. Michel and R. Mahon (eds), *Child Care Policy at the Crossroads: Gender and Welfare State Restructuring* (New York and London: Routledge), pp. 310–32.

Jenson, J. and Sideau, M. (2001a) 'Citizenship in the era of welfare state redesign', in J. Jenson and M. Sideau (eds), *Who Cares? Women's Work,*

Childcare and Welfare State Redesign (Toronto: University of Toronto Press), pp. 240–65.

Jenson, J. and Sideau, M. (2001b) 'The care dimension in welfare state redesign', in J. Jenson and M. Sideau (eds), *Who Cares? Women's Work, Childcare and Welfare State Redesign* (Toronto: University of Toronto Press), pp. 3–18.

Jessop, B. (2002) *The Future of the Capitalist State* (Oxford: Polity Press).

Kallus, R. and Churchman, A. (2004) 'Women's struggle for urban safety: the Canadian experience and its applicability to the Israeli context', *Planning Theory and Practice*, Vol. 5(2), pp.197–215.

Kasson, J. F. (1978) *Amusing the Million: Coney Island at the Turn of the Century* (New York: Hill and Wang).

Katz, P. (1994) *The New Urbanism: Towards an Architecture of Community* (New York: McGraw–Hill).

Katznelson, I. (1992) *Marxism and the City* (Oxford: Clarendon Press).

Kearns, A. (2003) 'Social capital, regeneration and urban policy', in R. Imrie and M. Raco (eds), *Urban Renaissance? New Labour, Community and Urban Policy* (Bristol: The Policy Press), pp. 37–60.

Kearns, R. and Joseph, A. (2000) 'Contracting opportunities: interpreting post-asylum geographies of mental health care in Auckland', *Health and Place*, Vol 6, pp.159–69.

Keith, M. (1996) 'Street sensibility? Negotiating the political by articulating the spatial', in A. Merrifield and E. Swyngedouw (eds), *The Urbanization of Injustice* (London: Lawrence & Wishart), pp. 137–62.

Keith, M. (2005) *After the Cosmopolitan? Multicultural Cities and the Future of Racism.* (Abingdon and New York: Routledge).

Knopp, L. (1995) 'Sexuality and urban space: a framework for analysis' in D. Bell and G. Valentine (eds), *Mapping Desire: Geographies of Sexualities* (London: Routledge), pp. 149–64.

Knowles, C. (2000) 'Burger King, Dunkin Donuts and community mental health care', *Health and Place*, Vol. 6(3), pp. 213–24.

Knox, P. (1993) 'Capital, material culture and socio-spatial differentiation', in P. Knox (ed.), *The Restless Urban Landscape* (Englewood Cliffs, New Jersey: Prentice–Hall,), pp. 1–34.

Kristeva, J. (1991) *Strangers to ourselves* (New York ; London: Harvester Wheatsheaf).

Kulynych, J. (2001) 'No playing in the public sphere: democratic theory and the exclusion of children', *Social Theory and Practice*, Vol. 27(2), pp. 231–64.

Landry, C. (2000) *The creative city: a toolkit for urban innovators* (Near Stroud, U.K: Comedia: Earthscan).

Lanphier, M. and Lukomskyj, O. (1994) 'Settlement policy in Australia and Canada', in H. Adelman, A. Borowski, M. Burstein, and L. Foster (eds), *Immigration and Refugee Policy: Australia and Canada Compared*, Vol 2. (Melbourne: Melbourne University Press), pp. 337–71.

Larner, W. (2005) 'Neoliberalism in (regional) theory and practice: the Stronger Communities Action Fund in New Zealand', *Geographical Research*, Vol. 43(1), pp. 9–18.

Larner, W. and Craig, D. (2005) 'After neoliberalism? Community activism and local partnerships in Aotearoa New Zealand', *Antipode*, Vol. 37(3), pp. 407–24.

Laurier, E., Whyte, A. and Buckner, K. (2002) 'Neighbouring as an occasioned activity: "finding a lost cat"', *Space and Culture*, Vol. 5(4), pp. 346–67.

Lees, L. (1997) 'Ageographia, Heteropia, and Vancouver's New Public Library', *Environment and Planning D: Society and Space*, Vol. 15(3), pp. 321–47.

Lees, L. (2003a) 'The ambivalence of diversity and the politics of urban renaissance: the case of youth in downtown Portland, Maine', *International Journal of Urban and Regional Research*, Vol. 27(3), pp. 613–34.

Lees, L. (2003b) 'Visions of "urban renaissance": the Urban Task Force report and the Urban White Paper', in R. Imrie and M. Raco (eds), *Urban Renaissance? New Labour, Community and Urban Policy* (Bristol: The Policy Press), pp. 61–82.

Lefebvre, H. (1996) *Writings on Cities*, trans E. Kofman and E. Lebas (Oxford: Blackwell).

Lemon, C. and Lemon, J. (2003) 'Community-based cooperative ventures for adults with intellectual disabilities', *Canadian Geographer*, Vol. 47(4), pp. 414–28.

Levy, F., Meltsner, A. and Wildavsky, A. (1974) *Urban Outcomes: Schools, Streets and Libraries* (Berkeley, Los Angeles, London: University of California Press).

Ley, D. (1999) 'Myths and meanings of immigration and the metropolis', *The Canadian Geographer*, Vol. 43(1), pp. 2–19.

Low, N. (1994) 'Planning and justice', in H. Thomas (ed.), *Values and Planning* (Aldershot UK: Avebury), pp. 116–39.

McCabe, R. (2001) *Civic Librarianship: Renewing the Social Mission of the Public Library* (Lanham: Scarecrow Press).

McGuirk, P. (2001) 'Situating communicative planning theory: context, power and knowledge', *Environment and Planning A*, Vol. 33, pp. 195–217.

McGuirk, P. (2005) 'Neoliberalist planning? Re-thinking and re-casting Sydney's metropolitan planning', *Geographical Research*, Vol. 43(1), pp. 59–70.

Maher, C., Whitelaw, J., McAllister, A., Francis, R., Palmer, J., Chee, E. and Taylor, P. (1992) *Mobility and Locational Disadvantage within Australian Cities: Social Justice Implications of Household Relocation* (Canberra: Social Justice Research Program into Locational Disadvantage, Bureau of Immigration Research and Department of the Prime Minister and Cabinet).

Mahon, R. (2002) 'Gender and welfare state restructuring: through the lens of child care', in S. Michel and R. Mahon (eds), *Child Care Policy at the Crossroads: Gender and Welfare State Restructuring* (New York and London: Routledge), pp. 1–27.

Mahon, R. (2005) 'Rescaling social reproduction: childcare in Toronto/Canada and Stockholm/Sweden', *International Journal of Urban and Regional Research*, Vol. 29(2), pp. 341–57.

Mahon, R. and Phillips, S. (2002) 'Dual-earner families caught in a liberal welfare regime? The politics of child care policy in Canada', in S. Michel and R. Mahon (eds), *Child Care Policy at the Crossroads: Gender and Welfare State Restructuring*) (New York and London: Routledge), pp. 192–218.

Malone, K. (2006) 'United Nations: a key player in a global movement for child friendly cities', in B. J. Gleeson and N. Sipe (eds), *Creating Child Friendly Cities: Reinstating Kids in the City* (London: Routledge), p. 13–32.

Markell, P. (2000) 'The recognition of politics: a comment on Emcke and Tully', *Constellations*, Vol. 7(4), pp. 496–506.

Marshall, J. N. (2004) 'Financial institutions in disadvantaged areas: a comparative analysis of policies encouraging financial inclusion in Britain and the United States', *Environment and Planning A*, Vol. 36, pp. 241–61.

Mason, G. and Tomsen, S. (eds), (1997) *Homophobic Violence* (Leichhardt: Federation Press).

Mattern, S. C. (2007) *The New Downtown Library: Designing With Communities* (Minneapolis: University of Minnesota Press).

Meegan, R. and Mitchell, A. (2001) '"It's not community round here, it's neighbourhood": neighbourhood change and cohesion in urban regeneration policies', *Urban Studies*, Vol. 38(12), pp. 2167–94.

Merrifield, A. and Swyngedouw, E. (1996) 'Social justice and the urban experience: an introduction', in A. Merrifield and E. Swyngedouw (eds), *The Urbanization of Injustice* (London: Lawrence & Wishart), pp. 1–17.

Michel, S. (1999) *Children's Interests/Mother's Rights: The Shaping of America's Child Care Policy* (New Haven: Yale University Press).

Miller, M. (2003) *The Representation of Place: Urban Planning and Protest in France and Great Britain, 1950–1980* (Aldershot, UK: Ashgate).

Mitchell, D. (2003) *The Right to the City: Social Justice and the Fight for Public Space* (New York: Guildford).

Mitchell, K. (2001) 'Transnationalism, neoliberalism, and the rise of the shadow state', *Economy and Society*, Vol. 30(2) pp. 165–89.

Mitchell, K. (2004) 'Geographies of identity: multiculturalism unplugged', *Progress in Human Geography*, Vol. 28(5), pp. 641–51.

Moon, G. (2000) 'Risk and protection: the discourse of confinement in contemporary mental health policy', *Health and Place*, Vol. 6 (3), pp. 239–50.

Moran, L., Skeggs B., Tyrer, P. and Corteen, K. (2001) 'Property, boundary, exclusion: making sense of hetero-violence in safer spaces', *Social and Cultural Geography*, Vol 2(4), pp. 407–20.

Morrison, Z. (2003) 'Cultural justice and addressing "social exclusio? a case study of a Single Regeneration Budget project in Blackbird L? Oxford', in R. Imrie and M. Raco (eds), *Urban Renaissance? New La? Community and Urban Policy* (Bristol: The Policy Press), pp. 139–61.

Morrissey, M., Mitchell, C. and Rutherford, A. (1991) *The Family i? Settlement Process* (Canberra: Australian Government Publishing Servic?

Moss, P. and Petrie, P. (2002) *From Children's Services to Children's Spa?* (London: Routledge).

Mountz, A. (2003) 'Human smuggling, the transnational imaginary, and everyday geographies of the nation-state', *Antipode*, Vol. 35, pp. 622–44.

Naylor, S and Ryan, J. (2002) 'The mosque in the suburbs: negotiating religion and ethnicity in South London', *Social and Cultural Geography*, Vol. 3(1), pp. 39–59.

Parr, H. (2000) 'Interpreting the "hidden social geographies" of mental health: ethnographies of inclusion and exclusion in semi-institutional places', *Health & Place*, Vol. 6, pp. 225–37.

Peattie, L. (1998) 'Convivial cities', in M. Douglass and J. Friedmann (eds), *Cities for Citizens* (Chichester: John Wiley & Sons), pp. 247–53.

Permezel, M. (2001) *The Practice of Citizenship: Place, Identity and the Politics of Participation in Neighbourhood Houses* (Unpublished PhD thesis: University of Melbourne).

Permezel, M. and Duffy, M. (2007) 'Negotiating the geographies of cultural difference in local communities: two examples from suburban Melbourne', *Geographical Research*, 45(4) (pp. 358–75).

Phillips, A. (1993) *Democracy and Difference* (University Park (PA): Pennsylvania University Press).

Phillips, A. (1996) 'Dealing with difference: a politics of ideas, or a politics of presence?', in S. Benhabib (ed.), *Democracy and Difference: Contesting the Boundaries of the Political* (Princeton: Princeton University Press), pp. 139–52.

Phillips, A. (1997) 'From inequality to difference: a severe case of displacement?' *New Left Review*, Vol. 224, pp. 143–53.

Podmore, J. A. (2001) 'Lesbians in the crowd: gender, sexuality and visibility along Montreal's Boulevard St Laurent', *Gender Place and Culture*, Vol. 8, pp. 333–55.

Podmore, J. A. (2006) 'Gone "underground"? Lesbian visibility and the consolidation of queer space in Montreal', in *Social and Cultural Geography*, Vol. 7(4), pp. 595–625.

Powell, D. (1993) *Out West: Perceptions of Sydney's Western Suburbs* (Sydney: Allen and Unwin).

Powell, K. (2005) *Executive Summary: The Effect of Adult Playcentre Participation on the Creation of Social Capital in Local Communities* (Report to the New Zealand Playcentre Federation: Massey University College of Education Research).

Preston, V. and Lo, L. (2000) '"Asian theme" malls in suburban Toronto: land use conflict in Richmond Hill', *The Canadian Geographer*, Vol. 44(2), pp. 182–90.

reston, V., Kobayashi, A. and Siemiatycki, M. (2006) 'Transnational urbanism: Toronto as a crossroads', in V. Satzewich and L. Wong (eds), *ransnational Communities in Canada; Emergent Identities, Practices, and sues* (Vancouver: UBC Press), pp. 91–110.

am, R. with Leonardi, R. and Nanetti, R. (1993) *Making Democracy Work: vic Traditions in Modern Italy* (Princeton: Princeton University Press).

eer, M. (1994) 'Urban planning and multiculturalism in Ontario, anada', in H. Thomas, and V. Krishnarayan (eds), *Race, Equality and Planning* (Aldershot, Hants, England: Avebury), pp. 187–200.

Quilley, S. (1997) 'Constructing Manchester's "New Urban Village": gay space in the entrepreneurial city', in G. B. Ingram, A.-M. Bouthillette and Y. Retter (eds), *Queers in Space: Communities, Public Places, Sites of Resistance* (Seattle: Bay Press), pp. 275–94.

Reeves, D. (2005) *Planning for Diversity: Policy and Planning in a World of Difference* (London; New York: Routledge).

Retort (2005) *Afflicted Powers: Capital and Spectacle in a New Age of War* (London: Verso).

Ritchie, L. (2003) 'Bicultural development in early childhood care and education in Aotearoa/New Zealand: views of teachers and teacher educators', *Early Years: An International Journal of Research and Development*, Vol. 23(1) pp. 7–19.

Rose, D. (1984) 'Rethinking gentrification: beyond the uneven development of marxist urban theory' *Environment and Planning D: Society and Space* 2(1) 47–74.

Rose, D. (1993) 'Local childcare strategies in Montreal, Quebec: the mediations of state policy, class and ethnicity in the life courses of families with young children', in C. Katz and J. Monk (eds), *Full Circles: Geographies of Women over the Life Course* (London and New York: Routledge), pp. 188–207.

Rose, G. (1997) 'Situating knowledges: positionality, reflexivities and other tactics' *Progress in Human Geography*, Vol. 21(3), pp. 305–20.

Rose, N. (2000) 'Government and control', *British Journal of Criminology*, Vol. 40(2), pp. 321–39.

Ross, K. (2002) *May '68 and Its Afterlives* (Chicago: University of Chicago Press).

Sandercock, L. (1998) *Towards Cosmopolis: Planning for Multicultural Cities* (Chichester: Wiley).

Sandercock, L. (2000) 'When strangers become neighbours: managing cities of difference', *Planning Theory & Practice*, Vol.1(1), pp. 13–30.

Sandercock, L. (2003) *Cosmopolis II: Mongrel Cities in the 21st Century* (London: Continuum).

Sandercock, L. and Dovey, K. G. (2002) 'Pleasure, politics, and the "public interest": Melbourne's riverscape revitalization', *Journal of the American Planning Association*, Vol. 68(2), pp. 151–64.

Sandercock, L and Kliger, B. (1998) 'Multiculturalism and the planning system, Part 1', *Australian Planner*, Vol 35(3), pp. 127–32.

Sennett, R. (1970) *The Uses of Disorder: Personal Identity & City Life* (New York: Knopf).

Sennett, R. (1994) *Flesh and Stone: The Body and the City in Western Civilization* (London: Faber and Faber).

Shaw, K. (2005) 'The place of alternative culture and the politics of its protection in Berlin, Amsterdam and Melbourne', *Planning Theory & Practice*, Vol. 6(2), pp. 149–69.

Shaw, M. and Andrew, C. (2005) 'Engendering crime prevention: international developments and the Canadian experience', *Canadian Journal of Criminology and Criminal Justice*, Vol. 47(2) pp. 293–316.

Shields, R. (1999) *Lefebvre, Love and Struggle: Spatial Dialectics* (London: Routledge).

Simmel, G. (1950) 'The stranger', in K. H. Wolff (ed.), *The Sociology of Georg Simmel* (New York: The Free Press), pp. 402–9.

Singh, G. (2003) 'Multiculturalism in contemporary Britain: reflections on the "Leicester Model"', *International Journal on Multicultural Societies*, Vol. 5(1), pp. 40–54.

Skelton, I. (1996) 'Child care services in Ontario', in K. England (ed.), *Who Will Mind the Baby? Geographies of Child Care and Working Mothers* (London and New York: Routledge), pp. 62–74.

Smith, D. M. (1994) *Geography and Social Justice* (Oxford: Blackwell).

Smith, N. (1996) *The New Urban Frontier: Gentrification and the Revanchist City* (London; New York: Routledge).

Smith, N. (1998) 'Giuliani time: the Revanchist 1990s', *Social Text*, Vol 57, pp. 1–20.

Soja, E. (1996) *Thirdspace: Journeys to Los Angeles and Other Real and Imagined Places* (Cambridge, Mass.: Blackwell).

Sommella, L. and Wolfe, M. (1997) 'This is about people dying: the tactics of Early ACT UP and Lesbian Avengers in New York City', in G. B. Ingram, A.-M. Bouthillette and Y. Retter (eds), *Queers in Space: Communities, Public Places, Sites of Resistance* (Seattle: Bay Press), pp. 407–38.

State Library of Victoria (2005a) *Libraries/Building/Communities – Report Four: Showcasing the Best* (Melbourne, State Library of Victoria, Library Board of Victoria, Victorian Public Library and Information Network).

State Library of Victoria (2005b) *Libraries/Buildings/Communities – Executive Summary* (Melbourne: State Library of Victoria, Library Board of Victoria, Victorian Public Library and Information Network).

Stretton, H. (1970) *Ideas for Australian Cities* (Adelaide: Hugh Stretton).

Tajbakhsh, K. (2001) *The Promise of the City: Space, Identity, and Politics in Contemporary Social Thought* (Berkley: University of California Press).

Takahashi, L. (1998) 'Community responses to human service delivery in U.S. Cities', in R. Fincher and J. M. Jacobs (eds), *Cities of Difference* (New York: Guilford Press), pp. 120–48.

Takahashi, L. (2001) 'Navigating the time-space context of HIV and AIDS: daily routines and access to care', *Social Science and Medicine*, Vol. 53, pp. 845–63.

Thompson, S. and Dunn, K. (2002) 'Multicultural services in local government in Australia: an uneven tale of access and equity', *Urban Policy & Research*, Vol. 20(3), pp. 263–79.

Tiesdell, S. and Allmendinger, P. (2001) 'Neighbourhood regeneration and New Labour's third way', *Environment and Planning C: Government and Policy*, Vol. 19, pp. 903–26.

Touraine, A. (2000) *Can We Live Together? Equality and Difference* (Cambridge, UK: Polity Press).

Tse, S. and Liew, T. (2004) 'New Zealand experiences: how is community resilience manifested in Asian communities?'. *International Journal of Mental Health and Addiction*, http://ijma-journal.com.

Uitermark, J., Rossi, U. and Van Houtum, H. (2005) 'Reinventing multiculturalism: urban citizenship and the negotiation of ethnic diversity in Amsterdam', *International Journal of Urban and Regional Research*, Vol. 29(3), pp. 622–40.

UNICEF (2004) *Building Child Friendly Cities: A Framework for Action* (Florence: UNICEF Innocenti Research Centre).

UNICEF (2005) *Cities with Children: Child Friendly Cities in Italy* (Florence: UNICEF Innocenti Research Centre).

University of Technology Sydney and State Library of New South Wales (2000) *'A Safe Place to Go': Libraries and Social Capital* (Sydney: University of Technology Sydney and State Library of New South Wales).

Valentine, G. (1993) '(Hetero)sexing space: lesbian perceptions and experiences of everyday spaces', *Environment and Planning D: Society and Space*, Vol. 11, pp. 335–413.

Wang, S. (1999) 'Chinese commercial activity in the Toronto CMA: new development patterns and impacts', *The Canadian Geographer*, Vol. 43(1), pp. 19–35.

Ward, C. (1978) *The Child in the City* (New York: Pantheon Books).

Warner, M. (2000) *The Trouble with Normal: Sex, Politics, and the Ethics of Queer Life* (New York: Free Press).

Warpole, K. (2004) *21st Century Libraries: Changing Forms, Changing Futures* (London: Commission for Architecture and the Built Environment, Royal Institute of British Architects, Museums Libraries Archives).

Watson, S. (2004) 'Cultures of democracy: spaces of democratic possibility', in C. Barnett and M. Low (eds), *Spaces of Democracy: Geographical Perspectives on Citizenship, Participation and Representation* (London: Sage), pp. 207–22.

Watson, S. (2006) *City Publics: The (Dis)enchantments of Urban Encounters* (London: Routledge).

Watson, S and McGillivray, A. (1995) 'Planning in a multicultural environment: a challenge for the nineties', in P. Troy (ed.), *Australian Cities: Issues, Strategies and Policies for Urban Australia in the 1990s* (Melbourne: Cambridge University Press), pp. 164–78.

Webster, C., Glasze, G. and Frantz, K. (2002) 'The global spread of gated communities', *Environment and Planning B: Planning and Design*, Vol. 29, pp. 315–20.

Wekerle, G. and Jackson, P. S. B. (2005) 'Urbanizing the security agenda: anti terrorism, urban sprawl and social movements' *City* Vol. 9 (1), pp. 33–49.

Wekerle, G. and Whitzman, C. (1995) *Safe Cities: Guidelines for Planning, Design, and Management.* (New York: Van Nostrand Reinhold).

Wilson, E. (1991) *The Sphinx in the City: The Control of Disorder, and Women* (Berkeley and Los Angeles: University of California Press).

Wilson, W. (1987) *The Truly Disadvantaged: The Inner City, the Underclass and Public Policy* (New York: Bantam Books).

Witten, K., McCreanor, T. and Kearns, R. (2003a) 'The place of neighbourhood in social cohesion: insights from Massey, West Auckland', *Urban Policy and Research*, Vol. 21(4), pp. 321–38.

Witten, K., Kearns, R., Lewis, N., Coster, H. and McCreanor, T. (2003b) 'Educational restructuring from a community viewpoint: a case study from Invercargill, New Zealand', *Environment and Planning C: Government and Policy*, Vol. 21, pp. 203–23.

Wood, N., Duffy, M. and Smith, S. J. (2007) 'The art of doing (geographies of) music', *Environment and Planning D: Society and Space*, Vol 25(5) (pp. 867–89).

Wood, P. and Gilbert, L. (2005) 'Multiculturalism in Canada: accidental discourses, alternative vision, urban practice', *International Journal of Urban and Regional Research*, Vol. 29(3), pp. 679–91.

Wotherspoon, G. (1991) *City of the Plain: History of a Gay Subculture* (Sydney: Hale and Ironmonger).

Wrigley, N., Guy, C. and Lowe, M. (2002) 'Urban regeneration, social inclusion and large store development: the Seacroft development in context', *Urban Studies*, Vol. 39(11), pp. 2101–14.

Wu, L. (1999) *Rehabilitating the Old City of Beijing: A Project in the Ju'er Hutong Neighbourhood* (Vancouver: UBC Press).

Yiftachel, O. (1995) 'The dark side of modernism: planning as control of an ethnic minority', in S. Watson and K. Gibson (eds), *Postmodern Cities and Spaces* (Oxford: Blackwell), pp. 216–42.

Young, I. M. (1990) *Justice and the Politics of Difference* (Princeton: Princeton University Press).

Young, I. M. (1997) 'Unruly categories: a critique of Nancy Fraser's dual systems theory', *New Left Review*, Vol. 222, pp. 147–60.

Young, I. M. (2000) *Inclusion and Democracy* (Oxford: Oxford University Press).

Zurn, C. F. (2003) 'Identity or status? Struggles over 'Recognition' in Fraser, Honneth, and Taylor', *Constellations*, Vol. 10(4) pp. 519–37.